电子技术基础与技能实训

柯海鹏　主编

电子工业出版社

Publishing House of Electronics Industry

北京 · BEIJING

内 容 简 介

本书主要内容包括常用电子仪器的使用、常用元器件的识别与检测、焊接基本技术、晶体二极管与三极管的测试、晶体管放大电路的仿真及应用、晶闸管应用电路、数码显示电路应用、数字万用表和 AM/FM 收音机的安装与调试。

本书配套大量的教学素材、微课等资源,包括课程标准、教学大纲、课程思政内容、工作页、教案、课件、习题参考答案等。

本书可作为中等职业学校电子信息、通信技术等专业的教材,也可作为趣味科普读物。

图书在版编目(CIP)数据

电子技术基础与技能实训 / 柯海鹏主编. —北京:电子工业出版社,2022.8
ISBN 978-7-121-44041-0

Ⅰ. ①电… Ⅱ. ①柯… Ⅲ. ①电子技术—中等专业学校—教材 Ⅳ. ①TN

中国版本图书馆 CIP 数据核字(2022)第 133445 号

责任编辑:夏平飞
印　　刷:三河市华成印务有限公司
装　　订:三河市华成印务有限公司
出版发行:电子工业出版社
　　　　　北京市海淀区万寿路 173 信箱　邮编:100036
开　　本:787×1092　1/16　印张:12　字数:307 千字
版　　次:2022 年 8 月第 1 版
印　　次:2022 年 8 月第 1 次印刷
定　　价:49.00 元

凡所购买电子工业出版社图书有缺损问题,请向购买书店调换。若书店售缺,请与本社发行部联系,联系及邮购电话:(010)88254888,88258888。

质量投诉请发邮件至 zlts@phei.com.cn,盗版侵权举报请发邮件至 dbqq@phei.com.cn。

本书咨询联系方式:(010)88254498。

前　言

《国家职业教育改革实施方案》将职业教育与普通教育定义为两种不同的教育类型，具有同等重要地位。其中，明确要求建设一大批校企"双元"合作开发的国家规划教材，倡导使用新型活页式、工作手册式教材并配套开发信息化资源，专业教材随信息技术发展和产业升级情况及时动态更新，适应"互联网+职业教育"发展需求，全面推进"三教改革"，形成以职业需求为导向、以实践能力培养为重点的职业教育人才培养模式。

随着电子信息产业的高速发展，电子技术与电子产品的安装及调试等技能成为职业院校电类专业学生必须掌握的基础知识和核心技能，也成为中高职衔接等升学渠道中必须考核认定的专业基础知识和技能实操。本书以行动导向为理念，以项目递进方式对知识点进行剖析讲解，配套项目的实训板卡、元器件，把理论知识融入项目，在项目中实施具体操作，消化理论知识，提升实践技能。

本书在设计开发中吸取同类教材的优点，结合当前职业教育改革热点和"三教改革"的建设要求，把电子技术基础知识与技能实践紧密结合，精心设计每个章节。章节以任务为抓手，任务以实训项目为辅助，从理论知识到技能实操完美融合，具有明显的先进性和实操性。

（1）融合思政内容，将思政教育贯穿每个教学章节，全面体现立德树人的教育要务。

（2）配套大量的教学素材、微课等资源，读者通过扫描书中二维码即可对知识点精准学习。

（3）根据知识点设计了 24 个任务，每个任务配套实训板卡、元器件等耗材，实现项目的精准实训。如有需求，可联系编者购买。

（4）每个任务均配套工作页，实时精准考核学生对相关任务的掌握情况，在培养学生专业能力的同时，帮助学生获得工作过程知识，促进学生关键能力和综合素质的提高。

（5）最大特征是实现教材与实训设备的融合，推进微实训应用，解决学生实训的不及时或设备的不足问题，真正做到"做中学、做中教"。

本书从电子类专业的电子技术基础出发，从基础知识和实操入手，项目带动解决理论与实践的融合问题，并以设备配套教材推动微实训的深入开展。

本书建议安排 108 学时，可参考下表安排教学学时。

学 习 单 元	分 配 学 时
第 1 章　常用电子仪器的使用	8
第 2 章　常用元器件的识别与检测	18
第 3 章　焊接基本技术	8
第 4 章　晶体二极管与三极管的测试	10
第 5 章　晶体管放大电路的仿真及应用	16
第 6 章　晶闸管应用电路	18
第 7 章　数码显示电路应用	14
第 8 章　数字万用表和 AM/FM 收音机的安装与调试	16

本书的相关资源（包括课程标准、教学大纲、课程思政内容、工作页、教案、课件、习题参考答案等），读者可登录华信教育资源网（www.hxedu.com.cn）下载。

由于编者水平有限，加之时间仓促，书中错误或不当之处在所难免，敬请广大读者批评指正，后续笔者将积极改进。反馈邮箱：kehaipenq@163.com。

编　者

目　录

第 1 章

常用电子仪器的使用

本章主要使用 Multisim 仿真软件，对常用电子仪器（直流稳压电源、示波器、音频信号发生器、毫伏表）进行虚拟仿真操作，从而更直观地了解常用电子仪器的功能，掌握常用电子仪器的操作方法，为后续的学习提供最基本的操作技能。

 单元目标

技能目标

❖ 了解在 Multisim 仿真软件中虚拟直流稳压电源、示波器、音频信号发生器、毫伏表的主要性能及操作方法。

❖ 初步掌握用示波器观察信号波形和测量信号参数的方法。

知识目标

❖ 了解常用电子仪器性能指标及使用注意事项。

❖ 掌握常用电子仪器的功能、基本组成等。

1.1 任务 1 直流稳压电源的使用

1.1.1 任务目标

通过仿真实验，了解直流稳压电源在电路中的作用及相关知识。

➢ 掌握在 Multisim 仿真软件中如何搭建仿真电路。

➢ 了解直流稳压电源的基本组成、操作方法及用途。

➢ 观察并记录实验结果，分析电路中电流随电压如何变化。

1.1.2 所需设备

所需设备如表 1-1 所示。

表 1-1 所需设备

类 别	名 称	数 量
硬件设备	计算机	1
工具软件	Multisim 仿真软件	1

1.1.3 原理图

直流稳压电源电路原理图如图 1-1 所示。

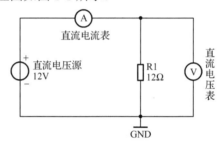

图 1-1 直流稳压电源电路原理图

1.1.4 任务步骤

1. 选择仿真元器件

打开 Multisim 仿真软件，通过快捷键【Ctrl+W】打开元器件选择窗口，根据图 1-1 所示原理图选择相应的元器件。

（1）直流电压源和地的选择

首先在元器件组的下拉菜单中选择【Source】，然后在元器件系列列表中选择【POWER SOURCES】，最后依次在元器件窗口选择【DC_POWER】和【GROUND】，并放置于设计工作窗口，如图 1-2 所示。

Multisim 仿真
软件介绍

元件库认识

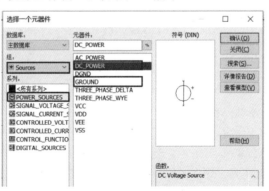

图 1-2 直流电压源的选择

元器件的放
置和编辑

❖ "直流电压源"即为 DC_POWER，"地"则为 GROUND，通常用 GND 表示。

（2）电阻的选择

首先在元器件组下拉菜单中选择【Basic】，然后在元器件系列列表中选择【RESISTOR】，最后在元器件窗口中选择【12】，并通过快捷键【Ctrl+R】旋转 90°后，放置于设计工作窗口，如图 1-3 所示。

图 1-3　电阻的选择

❖ 元器件的旋转。可在元器件放置于设计工作窗口前，通过快捷键【Ctrl+R】旋转到合适角度后再放置元器件；也可待元器件放置后，先选中元器件，再通过快捷键【Ctrl+R】进行旋转操作。

❖ 元器件的选择。每次打开元器件选择窗口，只能选择一个元器件进行放置。

❖ 对象的删除。先选中要删除的对象（元器件/连线/虚拟仪器仪表等），然后按【Delete】键即可。若需删除多个对象，可先按住【Shift】键，然后通过单击鼠标点选需要删除的对象，最后松开【Shift】键，按【Delete】键完成删除；也可以按住鼠标左键不放拖动鼠标来框选对象，再按【Delete】键删除对象。

（3）选择电压表和电流表

首先在元器件组的下拉菜单中选择【Indicators】，然后依次在元器件系列列表中选择【VOLTMETER】和【AMMETER】，最后依次在元器件窗口选择【VOLTMETER_V】和【AMMETER_H】，并放置于设计工作窗口，如图 1-4 所示。

❖ 鼠标左键双击元器件或仪表，可以查看相应的参数或修改参数设置。

❖ 电压表（伏特计 VOLTMETER）和电流表（安培计 AMMETER）中，VOLTMETER_V 表示垂直方向电压表，VOLTMETER_VR 表示垂直旋转方向电压表，AMMETER_H 表示水平方向电流表，AMMETER_HR 表示水平旋转方向电流表。

❖ 电压表并联在待测物两端，电流表则与待测物串联，注意它们的正、负极性。

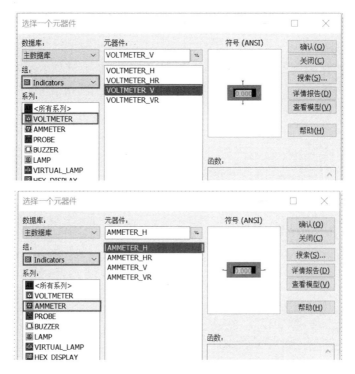

图 1-4　电压表（上）和电流表（下）的选择

2．搭建仿真电路

元器件和仪表放置完成后，对其摆放位置进行合理布局；按照图 1-1 所示原理图，将鼠标放在元器件的引脚上，鼠标指示呈现中间有小黑点的十字形，单击左键，并移动鼠标到下个元器件相应引脚，再次单击左键完成连线。以此类推，完成仿真电路搭建，如图 1-5 所示。

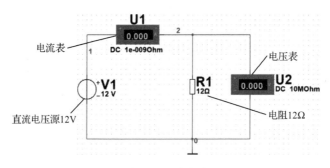

图 1-5　仿真电路

3．电路仿真

仿真电路检查无误后，单击仿真开关▮▯▮开始仿真，仿真结果示意图如图 1-6 所示，并将结果记录在表 1-2 中。保持电阻值 12Ω 不变，双击直流电压源进入电压源参数设置界面，如图 1-7 所示，依次将直流稳压电源输出电压设置为 6V、8V、10V、12V、14V、16V、

18V 进行仿真，在表 1-2 中记录相应的电流值，并分析电流随电压如何变化，以及二者成什么关系。

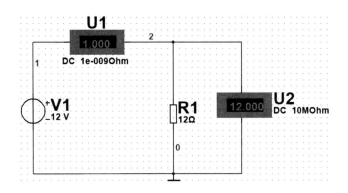

图 1-6　仿真结果示意图

表 1-2　仿真记录

电压/V	6	8	10	12	14	16	18
电流/A							

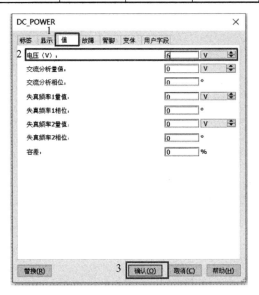

图 1-7　电压源参数设置界面

❖ 在 Multisim 仿真软件中，需确定停止仿真后才可以修改元器件的参数。仿真状态下，修改的参数需在停止仿真后重新开启仿真时才生效。

❖ 电压是产生电流的原因，由电源提供，常用字母 U 表示，单位为伏特，符号为 V，也用千伏（kV）、毫伏（mV）、微伏（μV）表示，换算关系为 1kV=1000V，1mV=10^{-3}V，1μV=10^{-6}V。

❖ 电阻表示导体对电流阻碍作用的大小，常用字母 R 表示，单位为欧姆，符号为 Ω，也用兆欧（MΩ）、千欧（kΩ）、毫欧（mΩ）表示，换算关系为 1MΩ=$10^6\Omega$，1kΩ=$10^3\Omega$，1mΩ=$10^{-3}\Omega$。

❖ 电流是电荷的定向移动形成的，常用字母 I 表示，单位为安培，符号 A，也用毫安（mA）、微安（μA）表示，换算关系为 1mA=10^{-3}A，1μA=10^{-6}A。

❖ 欧姆定律：导体中的电流与导体两端的电压成正比，与导体的电阻成反比，公式为 $I=U/R$。其中，电阻、电压、电流的单位分别为 Ω、V、A。

4．仿真结束

单击仿真开关结束仿真，保存仿真电路图，关闭 Multisim 仿真软件。

1.1.5 必备知识

1．Multisim 仿真软件

（1）设计界面

Multisim 仿真软件设计界面如图 1-8 所示。其中电路图的绘制和仿真均在设计工作窗口进行。

图 1-8　Multisim 仿真软件设计界面

（2）元器件的选择

元器件可以通过元器件工具条来选择，元器件工具条如图 1-9 所示；也可以从主菜单中【绘制】选项下的元器件或快捷键【Ctrl+W】进入元器件选择界面，如图 1-10 所示。

图 1-9　Multisim 仿真软件元器件工具条

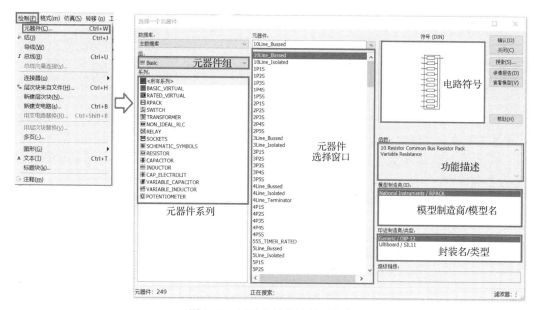

图 1-10　通过菜单栏选择元器件

（3）仪表的选择

仪表工具是进行虚拟电子实验和设计仿真快捷且形象的特殊工具。根据实际仿真需要，可以从仪表工具条选择合适的仪表，仪表工具条如图 1-11 所示；或者从主菜单中【仿真】选项下的仪器选项选择，如图 1-12 所示。

图 1-11　Multisim 仿真软件仪表工具条

（4）参数的设置

鼠标左键双击摆放好的元器件或仪表，进入元器件的属性窗口进行参数的查看和设置，设置完成后单击【确认】按钮完成设置，如图 1-13 所示。

图 1-12　通过菜单栏选择仿真仪表

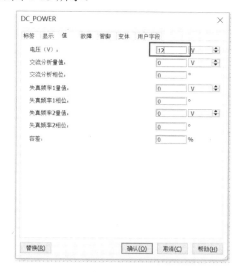

图 1-13　属性窗口

（5）线路的连接

完成元器件和仪表选择后，按照电路原理图，将鼠标放在相连元器件的引脚上，鼠标指示呈现中间有小黑点的十字形，单击左键后，移动鼠标到下一个元器件相应引脚，单击左键完成连线。以此类推，完成仿真电路搭建。

> ❖ 线路连接完成后，若认为不合适，可选中相应连线，用鼠标拖动连线到合适位置。也可先选中连线，按键盘上【Delete】键删除，再重新连接。
>
> ❖ 当导线需要从某元器件跨过时，只需移动鼠标，在经过元器件时单击键盘上的【Shift】键即可。
>
> ❖ 可以右键选择【颜色】改变连线颜色，实现不同网络不同颜色连线。

（6）仿真开关

仿真开关顾名思义是控制仿真的开始、暂停和结束。仿真开关如图 1-14 所示。

图 1-14　仿真开关

2．直流稳压电源

直流稳压电源是把交流电源转换成直流电源的装置。直流稳压电源面板示意图如图 1-15 所示。不同品牌或型号的直流稳压电源，其功能、规格等不尽相同，实际使用前，应先了解其参数、使用方法、注意事项等，以免因使用不当造成仪器损坏。

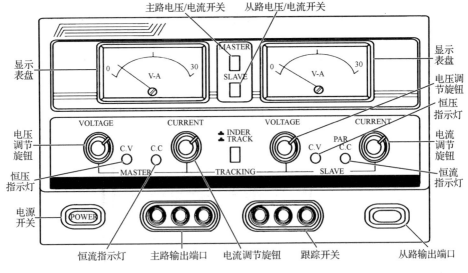

图 1-15　直流稳压电源面板示意图

（1）组成

直流稳压电源主要由电源变压器、整流电路、滤波电路以及稳压电路四部分组成，如图 1-16 所示。

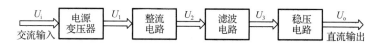

图 1-16　直流稳压电源的组成

a．电源变压器。将电网提供的交流电压变换成电路所需大小的交流电压，同时还起着隔离直流电源与电网的作用。

b．整流电路。将变压器变换后的交流电压整流成单向脉动的直流电压。

c．滤波电路。将脉动直流电压中的交流成分滤除，得到较平滑的直流电压。

d．稳压电路。对滤波输出的直流电压进行调节，以维持输出电压的稳定，使之不随电网电压、负载或温度的变化而变化。

（2）分类

a．按电路原理分，主要可分为如下三类。

➢ 串联型直流稳压电源，应用最广泛。

➢ 并联型直流稳压电源，一般用于输出电压和电流固定不变的情况。

➢ 开关型直流稳压电源，常用于输出功率较大的场合，如彩色电视机。

b．按使用的元器件分，主要有晶体管、晶闸管和集成电路直流稳压电源三类。

（3）使用方法

直流稳压电源的操作方法很简单。连接负载时，需注意确保电源输出端与负载正、负极性连接正确，电源输出端的"+"接负载的正极，输出端的"−"接负载的负极或地。通电前，应用万用表测量输出电压是否符合负载需求，以免损坏负载。

（4）性能指标

直流稳压电源性能指标有输出电压范围、最大/最小输入-输出电压差、输出负载电流范围电压调整率、电流调整率、纹波抑制比、温度稳定性、最大输入电压、最大输出电流等。

（5）功能要求

a．输出电压值能够在额定输出电压值以下任意设定和正常工作。

b．输出电流的稳流值能在额定输出电流值以下任意设定和正常工作。

c．直流稳压电源的稳压与稳流状态能够自动转换并有相应的状态指示。

d．对于输出的电压值和电流值要求精确的显示和识别。

e．对于输出电压值和电流值有精准要求的直流稳压电源，一般要用多圈电位器和电压电流微调电位器，或者直接使用数字输入。

f．要有完善的保护电路。直流稳压电源在输出端发生短路及异常工作状态时不应损坏，在异常情况消除后应能立即正常工作。

1.1.6　任务拓展

1．如果供电电压不变，改变电阻 R1 的阻值，此时电流随电阻如何变化？二者成什么关系？

2．在 Multisim 仿真软件中，请用一个直流电流源、一个 100Ω 电阻、一个红色 LED（通态电流为 5mA）及电流表和电压表构成仿真电路，观察改变电流源电流大小，电流表的读数大小如何变化？

1.1.7 课后习题

1. Multisim 仿真软件的用户界面由哪些部分组成？
2. Multisim 仿真软件提供了哪些虚拟仪器仪表？
3. 电路中，电压表和电流表分别是如何连接的？连接时需要注意什么？
4. 直流稳压电源主要组成部分有哪些？各部分分别起什么作用？
5. 直流稳压电源有哪些性能指标？

1.2 任务2 示波器的使用

1.2.1 任务目标

通过仿真实验，了解示波器在电路中的作用及其相关知识。

➢ 掌握在 Multisim 仿真软件中如何搭建仿真电路，仿真示波器波形如何调整、如何读取数值等。
➢ 了解示波器的基本组成、操作方法以及用途。
➢ 初步掌握用虚拟双通道示波器观察信号波形和测量信号参数的方法。
➢ 掌握正弦交流电相关参数的测量和计算。

1.2.2 所需设备

所需设备如表 1-3 所示。

表 1-3 所需设备

类　别	名　称	数　量
硬件设备	计算机	1
工具软件	Multisim 仿真软件	1

1.2.3 原理图

示波器电路原理图如图 1-17 所示。

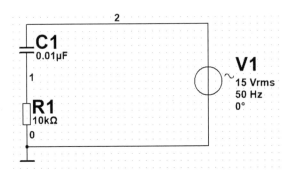

图 1-17 示波器电路原理图

1.2.4　任务步骤

1．选择仿真元器件

打开 Multisim 仿真软件，根据图 1-17 所示原理图，通过快捷键【Ctrl+W】打开元器件选择窗口选择相应的元器件。

（1）交流电压源和地的选择

首先在元器件组的下拉菜单中选择【Source】，然后在元器件系列列表中选择【POWER_SOURCES】，最后依次在元器件窗口中选择【AC_POWER】和【GROUND】，放置于设计工作窗口，如图 1-18 所示。

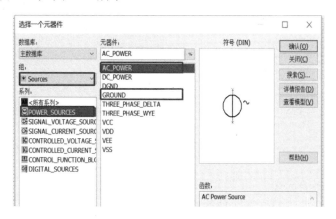

图 1-18　交流电压源和地的选择

（2）电阻的选择

首先在元器件组下拉菜单中选择【Basic】，然后在元器件系列列表中选择【RESISTOR】，最后在元器件窗口选择【10k】，放置于设计工作窗口，如图 1-19 所示。

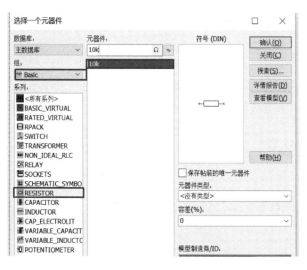

图 1-19　电阻的选择

（3）电容的选择

首先在元器件组下拉菜单中选择【Basic】，然后在元器件系列列表中选择【CAPACITOR】，最后在元器件窗口中选择【0.01μ】，放置于设计工作窗口，如图1-20所示。

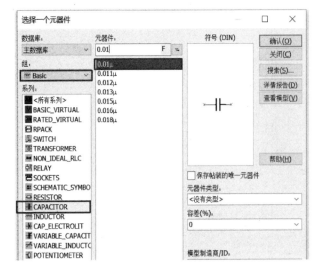

图1-20　电容的选择

（4）仿真示波器的选择

在设计工作窗口右侧的仪表工具条中选择示波器，并放置在合适位置，如图1-21所示。

图1-21　示波器的选择

> ❖ 鼠标左键双击元器件或仪表，可以查看相应的参数、修改参数设置及观测测量结果。
> ❖ 仿真示波器也可以选择仪表工具条中的四通示波器或Agilent示波器。

2. 搭建仿真电路

根据原理图，双击交流电压源进行参数修改，并调整元器件的位置，完成仿真电路的搭建，如图1-22所示。该仿真电路使用了虚拟双通道示波器的A通道测试交流电源的参数。

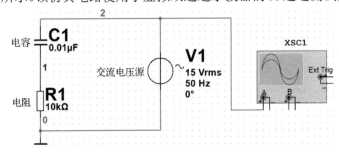

图1-22　仿真电路

3．示波器的仿真使用

仿真电路检查无误后，单击仿真开关 ▢▮▮ 开始仿真；双击示波器，通过合理调整"时基"下方"标度"、"通道 A"下方"刻度"，并将屏幕左侧的标线移动到信号波形的波峰和波谷位置，此时示波器仿真结果如图 1-23 所示，将结果记录在表 1-4 中，并计算出相应的值。

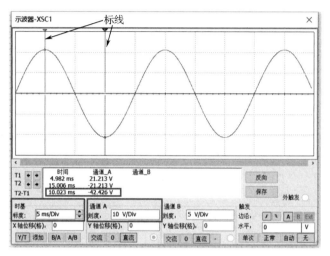

图 1-23　仿真结果

表 1-4　仿真记录

测　量　值		计　算　值			
峰–峰值/V	半周期/ms	幅值/V	有效值/V	周期/ms	频率/Hz

💡 ❖ 调整时基标度，可以将波形拉长或缩短，该值决定了在显示屏上显示波形的多少。
　❖ 调整通道 A 或通道 B 下方的刻度，可以调整波形纵向的拉长或缩短。
　❖ 一般情况下，使示波器屏幕能够显示两个周期的波形。
　❖ 示波器读数会因标线放置位置的不同而存在读数误差。
　❖ 仿真示波器也可以选择仪表工具条中的四通示波器或 Agilent 示波器。
　❖ 如果示波器图像快速闪动，无法看清位置，则可以在【触发】框里点选【单次】或【正常】。

4．仿真结束

单击仿真开关结束仿真，保存仿真电路图，关闭 Multisim 仿真软件。

1.2.5　必备知识

1．正弦交流电

交流电是指大小和方向随时间做规律变化的电压和电流，又称交变电流。随时间按照正弦函数规律变化的交流电称为正弦交流电。以电压为例，其波形如图 1-24 所示。正弦交流电的主要参数如下。

（1）周期。交流电变化一个循环所需的时间，通常用 T 表示，单位为秒（s）。

（2）频率。每秒钟内电流方向改变的次数称为频率，通常用 f 表示，单位为赫兹（Hz）。频率与周期互为倒数，即 $T=1/f$ 或 $f=1/T$。

（3）峰-峰值。一个周期内，信号最大值（波峰）和最小值（波谷）之间的差值，在此用 $U_{p\text{-}p}$ 表示电压峰-峰值。

（4）幅值。也称最大值、振幅或峰值，是正弦交流电在周期性变化时，出现的最大瞬时值。图 1-24 中，U_m 即为电压幅值，$U_m=U_{p\text{-}p}/2$。

（5）有效值。正弦交流电有效值等于幅值的 0.707 倍，通常用 U_{rms} 表示。

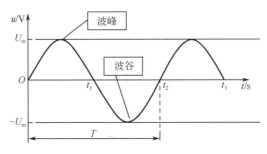

图 1-24　正弦交流电压波形示意图

2. 示波器

（1）结构和原理

示波器在电子测量中应用非常广泛，利用电子示波管［又称阴极射线管（CRT）］的特性，将人眼无法直接观测的电信号显示在显示屏上，能够观察各种不同信号幅度随时间变化的波形，还可以测量不同电信号的电压、电流、频率、周期和相位等。

示波器主要由 CRT 显示屏、操作面板及探头三部分组成，如图 1-25 所示。不同品牌或型号的示波器，其功能、界面等不尽相同，实际使用前，应先了解参数、使用方法、注意事项等，以免因使用不当造成仪器损坏。

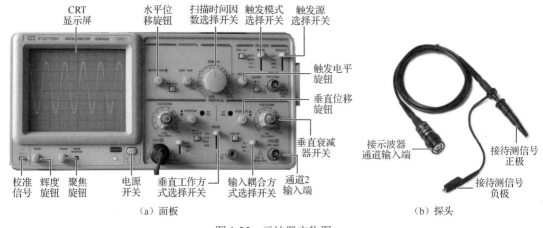

图 1-25　示波器实物图

（2）分类

示波器主要可以分为模拟示波器和数字示波器两类。

a．模拟示波器又可分为通用示波器、取样示波器、记忆示波器和专用（特种）示波器等。其中，通用示波器应用最为广泛，即将要观测的信号经衰减、放大后送入垂直通道，同时用该信号驱动触发电路，产生触发信号送入水平通道，在 CRT 显示屏上显示出信号波形。

b．数字示波器是将输入信号数字化后，经由数/模转换器重建波形，不仅具有记忆、存储被测信号的作用（故又称数字存储示波器），还可以用来观测和比较单次过程和非周期现象、低频和慢速信号。

（3）技术指标

a．频宽和上升时间，决定可以观测的被测信号最高频率脉冲信号的最小宽度。

b．扫描速度，决定在水平方向上对被测信号的展示能力。扫描速度越快，展示高频信号或窄脉冲波形的能力越强；反之，观察缓慢变化信号的能力越强。

c．垂直偏转因数（灵敏度），决定对被测信号在垂直方向的展示能力。

d．输入阻抗，是被测电路的额外负载。

e．输入耦合方式，通常有交流（AC）、直流（DC）和地（GND）三种。

f．触发源选择方式，通常有内触发（INT）、电源触发（LINE）和外触发（EXT）三种。

（4）使用注意事项

示波器具体使用方法可参考使用说明书，在实际使用中，应注意如下几点。

a．注意机壳必须接地，检查供电电压与仪器要求是否相符。

b．亮点辉度要适中，不宜过亮，不应长时间停留在同一点，以免损坏 CRT 显示屏。

c．严格限制接入信号幅度，有大信号接入示波器时，需要先预估信号电平，并选用合适的衰减器对信号进行衰减，防止大信号烧毁输入通道。

d．接口和线缆避免热插拔。

e．接入探头时，宜缓慢均匀用力，避免损坏接插端口。

f．使用探头时，注意避免拉、拽及折弯、撞击或掉落等。

1.2.6　任务拓展

1．请在图 1-23 中，读出交流电源的波峰和波谷电压各是多少？

2．将示波器通道 B 接在电容与电阻相连处，读取 B 通道数值，并观察通道 A 和通道 B 波形有什么变化？

1.2.7　课后习题

1．示波器中，调整时基标度和通道刻度，波形分别有什么变化？

2．示波器主要由哪些部分组成？

3．示波器技术指标主要有哪些？

4．示波器主要有哪些功能？

5．什么是正弦交流电？主要参数有哪些？

1.3 任务 3 音频信号发生器的使用

1.3.1 任务目标

通过仿真实验，了解音频信号发生器在电路中的作用及相关知识。

➢ 掌握在 Multisim 仿真软件中如何搭建仿真电路。

➢ 了解音频信号发生器的基本组成、操作方法以及用途。

1.3.2 所需设备

所需设备如表 1-5 所示。

表 1-5 所需设备

类 别	名 称	数 量
硬件设备	计算机	1
工具软件	Multisim 仿真软件	1

1.3.3 原理图

音频信号发生器电路原理图如图 1-26 所示。

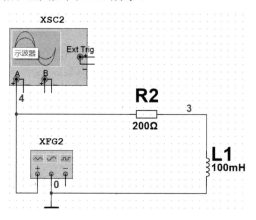

图 1-26 音频信号发生器电路原理图

1.3.4 任务步骤

1. 选择仿真元器件

打开 Multisim 仿真软件，根据图 1-26 所示原理图，通过快捷键【Ctrl+W】打开元器件选择窗口选择相应的元器件。

（1）电阻和地的选择

按照前面已介绍的方法选择阻值为 200Ω 的电阻和地。

（2）电感的选择

首先在元器件组下拉菜单中选择【Basic】，然后在元器件系列列表中选择
【INDUCTOR】，最后在元器件窗口中选择【100m】，放置于设计工作窗口，如图 1-27 所示。

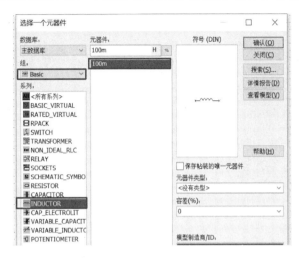

图 1-27　电感的选择

（3）仿真示波器和信号发生器的选择

在设计工作窗口右侧的仪表工具条中选择示波器和函数信号发生器，并放置在合适位
置，如图 1-28 所示。

图 1-28　示波器和函数信号发生器的选择

> ❖ 鼠标左键双击元器件或仪表，可以查看相应的参数或修改参数设置。
>
> ❖ 在 Multisim 仿真软件中，音频信号发生器可选择函数信号发生器代替，且信号源
> 选择正弦波。
>
> ❖ 仿真示波器也可以选择仪表工具条中的四通示波器或 Agilent 示波器。

2. 搭建仿真电路

根据原理图，双击相应元器件进行参数修改，并调整元器件的位置，完成仿真电路的
搭建，如图 1-29 所示。

3. 信号发生器的仿真使用

（1）周期/频率的测试

双击函数发生器，将信号源设置为正弦波，振幅为 10mV，频率依次设置为 100Hz、
200Hz、1kHz、10kHz 和 100kHz，参数设置如图 1-30 所示。

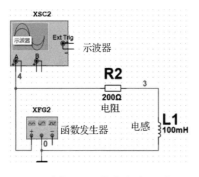

图 1-29　仿真电路　　　　　　　图 1-30　函数发生器参数设置

检查仿真电路无误后，单击仿真开关 开始仿真，双击示波器，仿真结果如图 1-31 所示。读取波形的周期并记录在表 1-6 中，计算出相应的频率。

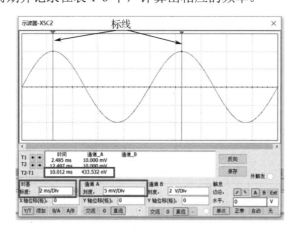

图 1-31　仿真结果

表 1-6　频率仿真记录

正弦波信号频率	示波器读数	计 算 值
	周期/ms	频率/Hz
100Hz		
200Hz		
1kHz		
10kHz		
100kHz		

- ❖ 调整时基标度，可以将波形拉长或缩短，该值决定了在显示屏上显示波形的多少。
- ❖ 调整通道 A 或通道 B 下方的刻度值，可以调整波形纵向的拉长或缩短。
- ❖ 一般情况下，示波器能够显示两个周期的波形。
- ❖ 示波器读数会因标线放置位置的不同而存在读数误差。
- ❖ 仿真示波器也可以选择仪表工具条中的四通示波器或 Agilent 示波器。

（2）峰-峰值的测试

单击仿真开关关闭仿真，调节函数发生器，将频率设置为 1kHz，振幅依次设置为 5mV、100mV、500mV、1V、5V、10V。再次单击仿真开关开始仿真，记录波形峰-峰值，如表 1-7 所示，并计算有效值（正弦波电压有效值 $U_{rms}=0.707U_{m}$，U_{m} 为最大值或幅值，是峰-峰值的一半）。

表 1-7　峰-峰值仿真记录

正弦波电压幅值	示波器读数	计 算 值
	峰-峰值	有 效 值
5mV		
100mV		
500mV		
1V		
5V		
10V		

4．仿真结束

单击仿真开关结束仿真，保存仿真电路图，关闭 Multisim 仿真软件。

1.3.5　必备知识

音频信号发生器

音频信号发生器也称低频信号发生器，是用于产生音频范围内正弦波信号的发生器，常作为测试或检修时用的信号源，广泛用于测试低频电路、音频传输网络、广播和音响等电声设备。音频信号发生器面板组成如图 1-32 所示。

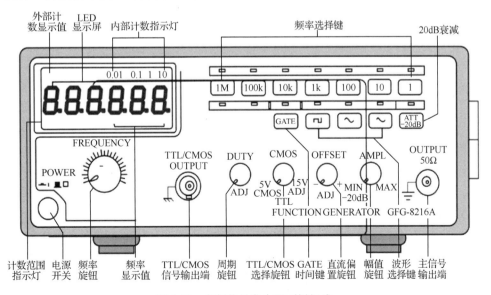

图 1-32　音频信号发生器面板组成

（1）组成

音频信号发生器主要包括主振器、放大器、输出衰减器、功率放大器、阻抗变换器、指示电压表等，如图 1-33 所示。各部分主要作用如下。

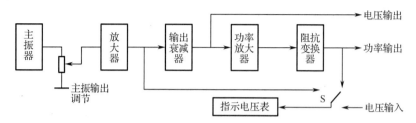

图 1-33　音频信号发生器组成框图

a．主振器是音频信号发生器的核心，产生频率可调的正弦信号源，决定输出信号的频率范围和稳定度。

b．放大器一般包括电压和功率放大器，以实现输出一定电压幅度和功率的要求。

c．输出衰减器用于改变音频信号发生器的输出或功率，由连续调节器和步进调节器组成。

d．功率放大器是对衰减器输出的电压信号进行功率放大，使音频信号发生器能达到额定的功率输出。要求功率放大器的工作效率高，谐波失真小。

e．阻抗变换器用于匹配不同阻抗的负载，以便在负载上获得最大输出功率。

f．指示电压表用于监测音频信号发生器的输出电压或对外来的输入电压进行测量。

（2）性能指标

音频信号发生器的主要性能指标如表 1-8 所示，具体参见实际设备使用说明书中的规格。

表 1-8　性能指标

内　　容	性　能　指　标
频率范围	一般为 1Hz～20kHz（已延伸到 1MHz），且均匀连续可调
频率准确度	±1%～±3%
频率稳定度	一般为 0.1%～0.4%/h
输出电压	0～10V 连续可调
输出功率	0.5～5W 连续可调
非线性失真范围	0.1%～1%
输出阻抗	有 50Ω、75Ω、150Ω、600Ω、5kΩ 等几种
输出形式	平衡输出与不平衡输出

（3）使用注意事项

音频信号发生器具体使用方法可参考使用说明书。在实际使用中，应注意如下几点。

a．只能用于检测音频放大器，不能用于高频和中频放大器电路等非音频放大器。

b．输出引线要采用金属屏蔽线，以减小外部干扰。

c．输出的信号大小、频率是可以连续调整的，在使用中要掌握调整方法，否则不仅会影响测试结果，甚至会损坏电路。

d．音频信号发生器的输出阻抗与放大器电路的输入阻抗不匹配时，会引起信号失真。

e．注意输出引线不可接反，否则会引起干扰，尤其是小信号时干扰更严重。

f．对于电子管音频信号发生器，在使用前要预热 10min，晶体管音频信号发生器不需要预热。

1.3.6　任务拓展

1．将示波器通道 B 接在电感与电阻相连处，读取通道 B 数值，并观察通道 A 和 B 波形有什么变化？

2．分别改变电阻值、电感值，分析仿真结果有什么变化？

1.3.7　课后习题

1．什么是音频信号发生器？有什么作用？

2．音频信号发生器主要由哪些部分组成？

3．音频信号发生器的技术指标主要有哪些？

4．在 Multisim 仿真软件中，如何选择、设置音频信号发生器？

1.4　任务 4　毫伏表的使用

1.4.1　任务目标

通过仿真实验，了解毫伏表在电路中的作用及相关知识。

➢ 掌握在 Multisim 仿真软件中如何搭建仿真电路。

➢ 了解毫伏表的基本组成、操作方法以及用途。

➢ 了解直流电压源、示波器、音频信号发生器及毫伏表的综合应用。

1.4.2　所需设备

所需设备如表 1-9 所示。

表 1-9　所需设备

类　　别	名　　称	数　　量
硬件设备	计算机	1
工具软件	Multisim 仿真软件	1

1.4.3　原理图

毫伏表电路原理图如图 1-34 所示。

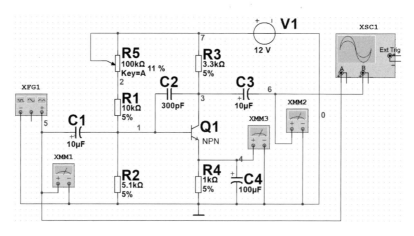

图 1-34　毫伏表电路原理图

1.4.4　任务步骤

1．选择仿真元器件

打开 Multisim 仿真软件，根据图 1-34 所示原理图，在元器件选择窗口选择相应的元器件。

（1）直流电压源、地、电阻和电容的选择

按前面介绍的方法选择放置直流电压源、地、电阻和电容。

（2）电解电容的选择

首先在元器件组下拉菜单中选择【Basic】，然后在系列列表中选择【CAP_ELECTROLIT】，最后依次在元器件窗口中选择【10μ】和【100μ】，即为 C1、C3、C4，并放置于设计工作窗口，如图 1-35 所示。

仿真示例

图 1-35　电解电容的选择

　❖　鼠标左键双击元器件或仪表，可以查看相应的参数或修改参数设置。

　❖　电解电容为极性电容，接线时应注意方向，避免反接。

（3）变阻器的选择

首先在元器件组下拉菜单中选择【Basic】，然后在系列列表中选择【POTENTIOMETER】，最后在元器件窗口选择【100k】，即为 R5，并放置于设计工作窗口，如图 1-36 所示。

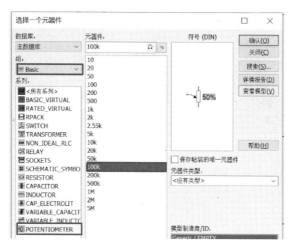

图 1-36　变阻器的选择

（4）NPN 三极管的选择

首先在元器件组的下拉菜单中选择【Transistors】，然后在元器件系列列表中选择【TRANSISTORS_VIRTUAL】，最后在元器件窗口中选择【BJT_NPN】，即为 Q1，并放置于设计工作窗口，如图 1-37 所示。

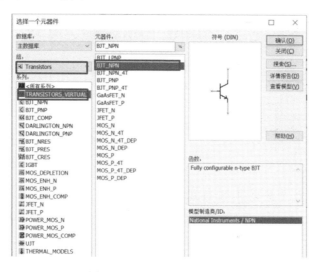

图 1-37　NPN 三极管的选择

（5）万用表的选择

仪表工具条中第一个虚拟仪表即为万用表，选择并依次放置在合适位置，记作 XMM1、XMM2、XMM3。

2．搭建仿真电路

对选择好的元器件和仪表进行合理摆放，并按原理图完成仿真电路的搭建，如图 1-38 所示。

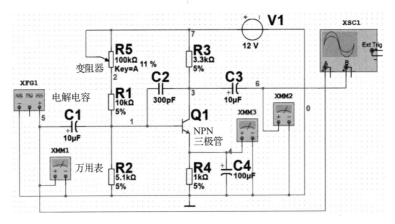

图 1-38　仿真电路

3．电路仿真

（1）设置函数发生器为正弦波信号、频率为 1kHz 且电压幅值为 10mV，检查线路图无误后，开始仿真，分别双击万用表 XMM1 和 XMM2，仿真结果如图 1-39 所示。其中，XMM1 所测结果为输入电压，XMM2 所测结果为输出电压。

图 1-39　毫伏表仿真结果

💡 ❖ 在 Multisim 仿真软件中，要修改元器件的参数，通常要在停止仿真的状态下进行；若在仿真进行中修改参数，则应先停止放置，然后重新开始仿真时，修改的参数才生效。

❖ 在 Multisim 仿真软件中，毫伏表用万用表代替，挡位选择交流挡。

❖ 变阻器（电位器）阻值调整。变阻器 R5 的阻值是可以改变的，可通过双击变阻器进入参数设置界面的【值】选项下的【键（Key）】和【增量】来设置快捷键和改变量，例如快捷键为【A】，【增量】设为 5%，则表示每按一次【A】键，变阻器的阻值增加 5%。通过快捷键【Shift+A】则可以减小阻值。

（2）仿真开始后，双击示波器，仿真结果如图 1-40 所示。其中，A 通道为输入波形，B 通道为输出波形。

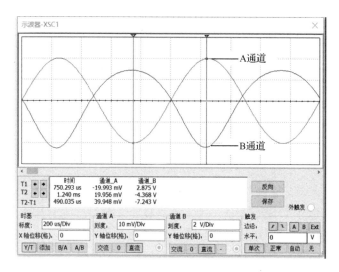

图 1-40　示波器仿真结果

4．仿真结束

单击仿真开关结束仿真，保存仿真电路图，关闭 Multisim 仿真软件。

1.4.5　必备知识

毫伏表

（1）毫伏表的分类和特点

毫伏表主要有晶体管毫伏表、电子管毫伏表、高频毫伏表等。其中，电子管毫伏表主要用于测量音频信号和频率不是很高的交流电压；晶体管毫伏表是一种用来测量正弦交流电压有效值的交流电压表，测量电压范围广、工作频率宽、输入阻抗高、灵敏度高。晶体管毫伏表和电子管毫伏表均属于音频毫伏表。高频毫伏表与普通音频毫伏表相比，测量频率更高，输入阻抗更高，输入电容更小。毫伏表如图 1-41 所示。

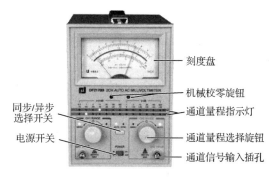

图 1-41　毫伏表

（2）毫伏表的校正

测量前必须对毫伏表进行校准，步骤如下：

a．机械调零。接通电源前，对表头进行机械零点的校准。

b. 电调零。接通电源后，指示灯亮，待电压指针摆动数次后，将相应通道的输入线短接，调节调零旋钮，使指针在零位置上，即可进行测量。在测量电压时，应首先将量程开关置于合适挡位（一般先置于大量程挡，然后根据被测电压的大小，再逐步减小到小量程挡），而后才能接入被测电压。此时表头指示值即为被测电压值。

（3）测量电压

a. 将"量程范围"开关拨至所需测量范围。

b. 在低量程挡（如 1mV～1V），测量时应先接地线，然后接输入线，测量完毕，则以相反顺序取下，以免因人体感应电位，使电表指针急速打向满刻度而损坏表针。

c. 注意被测电压中的直流分量不得大于最大量程。

d. 测量完毕，应将"量程范围"开关拨至最大量程后，关闭电源。

1.4.6 任务拓展

1. 从上述仿真实验中万用表和示波器的仿真结果，分析输入电压和输出电压有什么关系？

2. 调节变阻器 R5 的大小，观察示波器通道 B（输出波形）显示波形如何变化？

1.4.7 课后习题

1. 毫伏表主要有哪几类？它们分别有什么特点？

2. 在 Multisim 仿真软件中，如何选择放置电解电容？将其接入电路时应注意什么？

3. 在 Multisim 仿真软件中，如何改变变阻器的快捷键和增量值设置？

4. 在 Multisim 仿真软件中，如何选择放置虚拟交流毫伏表？

5. 请写出毫伏表的校正步骤。

第2章

常用元器件的识别与检测

　　本章主要通过对电路中常用元器件——电阻器、电容器和电感器的测量训练，掌握识别与检测方法，认识并掌握常用测量仪表——万用表及其使用方法。

📖 单元目标

技能目标

❖ 掌握万用表的使用方法。

❖ 掌握电阻器、电容器和电感器的识别与检测方法。

知识目标

❖ 了解电阻器、电容器、电感器以及万用表等。

❖ 熟悉电阻器、电容器和电感器的相关技术参数、用途等。

❖ 熟悉特殊电阻器、电容器的特点。

2.1 任务 1　电阻器、电位器的识别与检测

2.1.1 任务目标

　　通过本任务，进一步了解电阻器的分类、型号命名以及图形符号等知识，学会电阻器的识读与检测方法。

➤ 了解电阻器的分类、符号、型号命名等。

➤ 掌握贴片电阻、色环电阻、电位器的识读和检测方法。

2.1.2　所需工具和器材

所需工具和器材如表 2-1 所示。

表 2-1　所需工具和器材

类　　别	名　　称	规　　格	数　量
工具	万用表	指针/数字	1
	小螺丝刀	一字	1
器材	色环电阻	插针，1/4W，1kΩ	3
	色环电阻	插针，1/2W，10kΩ	3
	贴片电阻	SMD0805，10kΩ	3
	贴片电阻	SMD1206，1kΩ	3
	电位器	单联，WH148，50kΩ	1
	电位器	卧式，RM065，500kΩ	2
	电位器	3362P，5kΩ	2

2.1.3　任务步骤

1. 电阻识别与检测

（1）认识并观察不同功率或封装的色环电阻和贴片电阻实物外形特征与区别。

（2）电阻的识读。分别读出色环电阻和贴片电阻的阻值大小。

a. 色环电阻的识读。观察色环电阻并将识读结果记录在表 2-2 中。

电阻器、电位
器的检测

表 2-2　色环电阻识读结果

序　号	色　环	功　率	阻　值	误　差
1				
2				
3				
4				
5				
6				

b. 贴片电阻的识读。观察贴片电阻并将识读结果记录在表 2-3 中。

表 2-3　贴片电阻识读结果

序　号	标识数值	封　装	阻　值	误　差
1				
2				
3				

序　号	标 识 数 值	封　装	阻　值	误　差
4				
5				
6				

（3）电阻的检测。分别按如下方法检测色环电阻和贴片电阻的阻值。

a．挡位的选择。根据已知阻值，先将万用表挡位旋钮拨至合适的欧姆挡，然后将万用表红、黑表笔相接触（短接）进行校零（指针指在 0Ω）。具体可参考 2.1.4 节中的指针万用表介绍。

b．色环电阻的检测。按图 2-1（a）所示接法，将万用表红、黑表笔分别搭在电阻两端引脚上，依次检测上述 6 个色环电阻，并将读数记录在表 2-4 中。注意避免如图 2-1（b）所示的错误接法，以免人体电阻的引入而影响测试结果。

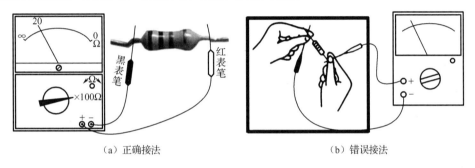

（a）正确接法　　　　　　　　　　　　（b）错误接法

图 2-1　电阻的检测接法

表 2-4　色环电阻的检测结果

内　容	序　号					
	1	2	3	4	5	6
阻值						
电阻好坏						

c．贴片电阻的检测。用上述色环电阻的测量方法检测贴片电阻，并将读数记录在表 2-5 中。

表 2-5　贴片电阻的检测结果

内　容	序　号					
	1	2	3	4	5	6
阻值						
电阻好坏						

（4）察看测量值与电阻标称阻值是否一致或相近（在误差范围内），以判断读数是否正确，以及电阻的好坏。

❖ 识读色环电阻时，须先确定色环的第一环，一般是较靠近引脚的为第一环。

❖ 电阻标称阻值一般标注在规格书、标签或电阻本体上。

❖ 色环电阻一般有 1/8W、1/6W、1/4W、1/2W、1W、3W 等不同功率。贴片电阻一般有 0603、0805、1206、1210 等不同的封装。可从外形尺寸上判断。

❖ 万用表欧姆挡挡位选择。若已知电阻值，则根据电阻值选择合适挡位，使指针尽可能指在接近刻度盘的中间位置。若阻值未知或不确定，则优先选择最大挡位，再根据实际测量来调整至合适的挡位。

❖ 指针万用表在每一次测量前，应先进行红、黑表笔短接校零，以避免读数时产生错误。如果使用数字万用表，则通常不需要。

❖ 若万用表读数与标称阻值相同或相近（在误差范围内），则电阻器正常；若为无穷大，则说明开路；若为 0，则说明短路。

2. 电位器的识别与检测

（1）认识电位器，读取标称阻值并记录到表 2-6 中。

（2）标称阻值检测。根据需要将万用表选择合适的欧姆挡并校零，红、黑表笔按图 2-2（a）所示，分别搭在电位器两个固定端，检测它们之间的阻值并记录到表 2-6 中。

（3）固定端与滑动端之间阻值检测。将红、黑表笔按图 2-2（b）所示搭在电位器一个固定端和滑动端，并旋转转轴，观察此时万用表读数如何变化并记录到表 2-6 中。

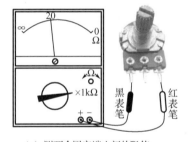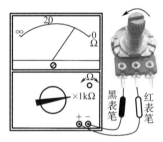

（a）测两个固定端之间的阻值　　　　　　　　（b）测固定端与滑动端之间的阻值

图 2-2　电位器的检测接法

表 2-6　电位器读数及检测结果

序号	读数（标称阻值）	两个固定端之间的阻值	固定端与滑动端之间的阻值	电位器好坏
1				
2				
3				
4				
5				

❖ 用万用表测量两个固定端的阻值，若与标称阻值相同或相近（在误差范围内），则电位器正常；若为无穷大，则说明两个固定端之间开路；若为 0，则说明短路。

❖ 用万用表测量固定端与滑动端的阻值，若在 0 到标称阻值之间连续变化，则说明正常；若为无穷大，则说明它们之间开路；若为 0，则说明它们之间短路。

2.1.4　必备知识

1. 电阻器

电阻器简称电阻，指电子在导体中流动所受到的阻力。

（1）分类

电阻器是最为常见的电子元器件，可以按不同的分类方法分类，具体如下。

a. 根据功能不同，通常可分为固定电阻、电位器和敏感电阻（有热敏、光敏、压敏、气敏等）三大类，本任务重点介绍前两者。

b. 根据制作材料不同，可分为碳膜电阻、金属膜电阻、金属氧化膜电阻、水泥电阻和绕线式电阻等。

c. 根据额定功率不同，可分为 1/16W、1/8W、1/4W、1/2W、1W、2W 等。

d. 根据封装形式不同，可分为插针式、贴片式、特殊式等。

（2）实物与图形符号

普通固定电阻和电位器的实物外形及图形符号分别如图 2-3 和图 2-4 所示，普通固定电阻通常用字母 R 表示，电位器则通常用字母 RP 表示。

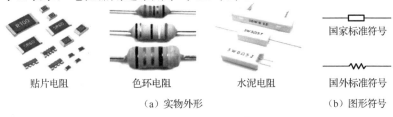

贴片电阻	色环电阻	水泥电阻	国家标准符号
（a）实物外形			（b）图形符号

图 2-3　普通固定电阻实物外形及图形符号

（a）实物外形　　　　　　　　　（b）图形符号

图 2-4　电位器实物外形及图形符号

（3）型号命名方法

a. 型号组成。本任务介绍的型号命名方法针对国产电阻器，型号组成示意图如图 2-5 所示。

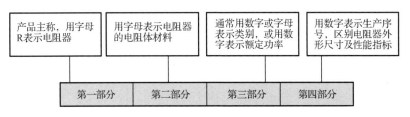

产品主称，用字母 R 表示电阻器	用字母表示电阻器的电阻体材料	通常用数字或字母表示类别，或用数字表示额定功率	用数字表示生产序号，区别电阻器外形尺寸及性能指标
第一部分	第二部分	第三部分	第四部分

图 2-5　电阻器型号组成示意图

b．型号命名方法。国产电阻器的型号命名方法如表 2-7 所示。

表 2-7　国产电阻器的型号命名方法

第一部分 主称		第二部分 电阻体材料		第三部分 类别或额定功率				第四部分 序号
字母	含义	字母	含义	数字或字母	含义	数字	额定功率	
R	电阻器	C	沉积膜或高频瓷	1	普通	0.125	1/8W	用个位数或无位数表示
				2	普通或阻燃			
		F	复合膜	3 或 C	超高频	0.25	1/4W	
		H	合成碳膜	4	高阻			
		I	玻璃釉膜	5	高温	0.5	1/2W	
		J	金属膜	7 或 J	精密			
		N	无机实心	8	高压	1	1W	
		S	有机实心	9	特殊(如熔断型等)			
		T	碳膜	G	高功率	2	2W	
		U	硅碳膜	L	测量			
		X	线绕	T	可调	3	3W	
		Y	氧化膜	X	小型			
				C	防潮	5	5W	
		O	玻璃膜	Y	被釉			
				B	不燃性	10	10W	

（4）色环电阻识读方法

色标电阻通常分为四环电阻和五环电阻两种。色环电阻上各色环的含义如图 2-6 所示。例如，一个四环电阻的色环颜色依次为绿-棕-黄-金色，则该电阻的阻值为 $51 \times 10^4 = 510 \text{k}\Omega$，允许误差是 ±5%。又如，一个五环电阻的色环颜色依次为棕-绿-橙-红-棕，则该电阻的阻值为 $153 \times 10^2 = 15.3 \text{k}\Omega$，允许误差是 ±1%。

（5）贴片电阻识读方法

贴片电阻的阻值一般用符号标识，主要有两种标识方法，分别是电阻系列误差 5% 的 3 位数字（含字母）标识法（以下简称 3 位法），以及误差 1% 的 4 位数字（含字母）标识法（以下简称 4 位法），具体说明如下。

a．3 位法。当用 3 位纯数字标识时，前两位数字代表阻值的有效数字，第 3 位表示倍率，即有效数字后"0"的个数；当阻值小于 10Ω 时，在代码中用 R 表示阻值小数点的位置，其他数字均为有效值。例如，贴片电阻上标识为 510，则该阻值为 $51 \times 10^0 = 51\Omega$；103 为 $10 \times 10^3 = 10 \text{k}\Omega$；4R7 表示 4.7Ω，0R2 则是 0.2Ω，且它们阻值的误差均为 5%。

b．4 位法。当标识为 4 位纯数字时，前 3 位数字为有效数字，第 4 位数字表示倍率。当阻值小于 10Ω 时，在代码中用 R 表示阻值小数点的位置，其他数字均为有效值。例如，贴片电阻标识数字为 0200，则该电阻阻值为 $20 \times 10^0 = 20\Omega$；4702 为 $470 \times 10^2 = 47 \text{k}\Omega$；3R10 表示 3.1Ω；0R33 则是 0.33Ω，且它们阻值的误差均为 1%。

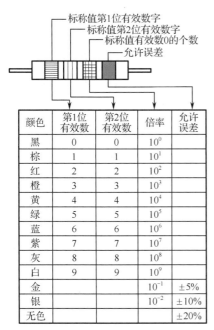

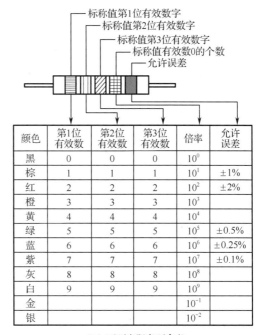

（a）四环电阻色环含义　　　　　　　　（b）五环电阻色环含义

图 2-6　色环电阻上各色环的含义

（6）贴片电阻的封装分类

贴片电阻封装及对应功率如表 2-8 所示。

表 2-8　贴片电阻封装及对应功率

封　装		额定功率/W @70℃
英制/in	公制/mm	常规功率系列
01005	0402	1/32
0201	0603	1/20
0402	1005	1/16
0603	1608	1/10
0805	2012	1/8
1206	3216	1/4
1210	3225	1/4
2010	5025	1/2
2512	6432	1

（7）作用

电阻的作用很多，包括隔离、分压、分流、限流保护、消振、阻尼、负反馈等。

（8）电位器结构与原理

电位器虽然种类很多，但是结构基本相同，结构示意图如图 2-7 所示。中间的引脚（C）与内部连接的是滑动片。A 和 B 是连接定片，阻值固定，为标称阻值，即电位器上标注的

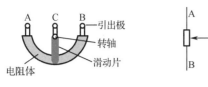

图 2-7　电位器结构示意图

阻值。例如电位器上标注 103，那么标称阻值是 $10 \times 10^3 = 10000\Omega = 10k\Omega$。用螺丝刀将滑动片 C 向定片 A 调整，此时 A、C 间电阻变小，B、C 间电阻变大；反之，将滑动片 C 向定片 B 调整，此时 A、C 间电阻变大，B、C 间电阻变小。A、C 间和 B、C 间的阻值大小，可以通过万用表欧姆挡测得。

2．万用表

万用表主要有指针万用表和数字万用表两种。下面分别简单介绍一下两种万用表的基本使用方法。

（1）指针万用表的基本使用方法

先进行表笔的连接，将红表笔插入万用表正极性表笔插孔，黑表笔插入负极性表笔插孔。

a．观察表盘上的指针，若发现未指向 0，则需用一字螺丝刀调整表头校正旋钮，使指针指向 0（此步骤很重要，否则将影响测量数据准确性），如图 2-8 所示。

b．根据待测量的数据量（如电阻、电压和电流等），用手转动挡位旋钮来调整万用表挡位，所指示的位置即为当前选择的挡位（以测量电阻为例），如图 2-9 所示。

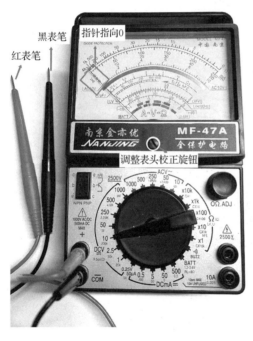

图 2-8　指针万用表的机械调零

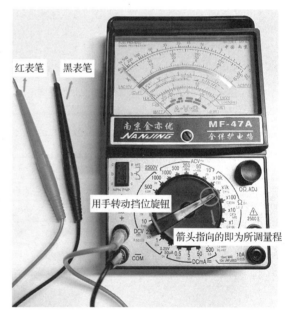

图 2-9　指针万用表挡位的调整

c．在使用指针万用表的欧姆挡进行电阻测量时，每调整一次挡位，均需要对当前挡位进行零欧姆调整，使万用表的指针指向 0Ω 的位置，即校零，如图 2-10 所示。

例如，检测一个 $10k\Omega$ 的电阻阻值时，需将量程调至 $\times 1k\Omega$ 挡并校零，将红、黑表笔分别搭在电阻的两个引脚上，万用表指针指向 10 的位置上，最终读数为 $10 \times 1k\Omega = 10k\Omega$，如图 2-11 所示。

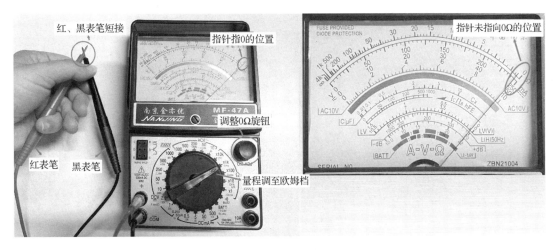

图 2-10　指针万用表的 0Ω 调整

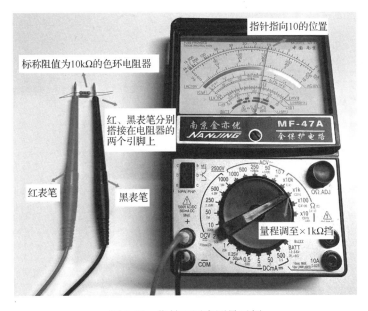

图 2-11　指针万用表测量示例

（2）数字万用表的基本使用方法

数字万用表具有操作简单、读数方便等优点，使用方法如下。

a. 连接表笔。将红表笔插入万用表正极性表笔插孔，黑表笔插入负极性表笔插孔（公共端 COM），如图 2-12 所示。

b. 打开数字万用表开关。不同品牌的数字万用表开关方式存在差异，主要有按钮开关和旋转开关两种。

c. 根据待测数据量，用手转动挡位旋钮到相应的挡位即可进行测量（不同品牌数字万用表操作方法和功能存在差异，具体以实际设备的操作说明书为准）。

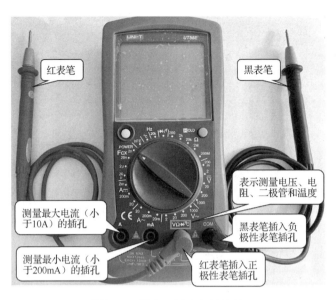

图 2-12 数字万用表表笔连接

例如，检测一个标称阻值为 22kΩ 的色环电阻器时，先将万用表挡位旋钮调至 2MΩ 挡，然后将红、黑表笔分别搭在电阻的两个引脚上，此时万用表显示的读数为 0.022MΩ，即 22kΩ，如图 2-13 所示。

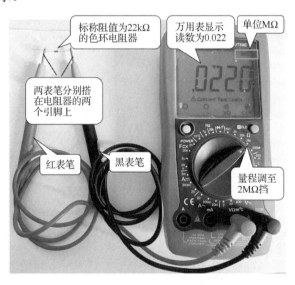

图 2-13 数字万用表测量示例

2.1.5 任务拓展

图 2-14 电位器示意图

1. 有一电位器，标称阻值为 5kΩ，此时滑动端 C 位于固定端 A 和 B 中间位置，如图 2-14 所示。请问要使 AC 间阻值是 3kΩ，滑动片 C 应怎么滑动？

2. 现有一四环和五环电阻，四环电阻色环颜色依次为黑-红-

棕-银，五环电阻色环颜色依次为黄-紫-黑-红-棕，请问它们的阻值和误差分别是多少？

2.1.6 课后习题

1. 常见的电阻分类有哪些？
2. 贴片电阻常见封装有哪些？
3. 如何进行指针用表欧姆挡校零？
4. 若要测量一未知阻值的电阻，请问应如何操作？
5. 已知一电阻的标称阻值为 100kΩ，误差是±5%，那么检测其阻值应在多少范围内才能判定该电阻质量合格。
6. 如何检测和判定电位器好坏？

2.2 任务 2 电阻串、并联电路实验

2.2.1 任务目标

通过本任务，学习和掌握欧姆定律及其实际应用。

➤ 通过实验分析电路中电流与电压、电流与电阻的关系，以验证欧姆定律。
➤ 掌握在电阻串联和并联电路中电阻、电流和电压的测量方法及特点。

2.2.2 所需工具和器材

所需工具和器材如表 2-9 所示。

表 2-9 所需工具和器材

类 别	名 称	规 格	数 量
工具	镊子		1
	尖嘴钳		1
	螺丝刀	3mm，一字	1
	万用表	指针/数字	1
器材	插针电阻	1/4W，1kΩ	2
	插针电阻	1/4W，100Ω	1
	插针电阻	1/4W，220Ω	2
	电位器	插针，5kΩ（502）	1
	面包板	170 孔	1
	面包线	公对公，多色（红、黑等）	6
	杜邦线	公对母，红色	1
	杜邦线	公对母，黑色	1
	电池盒	4 节	1

2.2.3 原理图

原理图如图 2-15 所示。

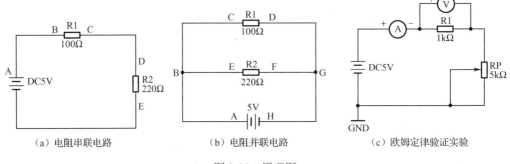

（a）电阻串联电路　　　　（b）电阻并联电路　　　　（c）欧姆定律验证实验

图 2-15　原理图

电阻串、并联
电路实验

2.2.4 任务步骤

1. 电阻串联实验

（1）按图 2-15（a）所示在面包板上完成电阻的串联连接，如图 2-16 所示。

（2）串联电阻阻值测量。将万用表挡位旋钮调至合适的欧姆挡，红、黑表笔分别置于两电阻的引脚 B、E 端，测量 B、E 间的电阻 R，并将读数记录在表 2-10 中。

（3）电阻串联电路连接。如图 2-17 所示，分别将电池盒的红、黑导线（即电源的正、负极）接在 B 端和 E 端，完成电阻串联电路的连接。

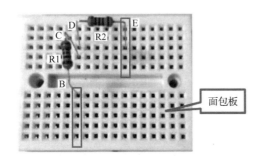

图 2-16　电阻串联实物

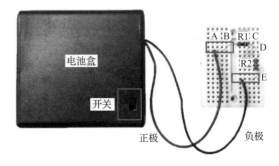

图 2-17　电阻串联电路连接图

（4）电压测量。检查线路连接无误后，将电池盒上的开关拨到"ON"上电。万用表挡位旋钮调至合适的电压挡后，红、黑表笔分别置于 B、C 端和 D、E 端，测得电阻 R1 和 R2 两端的电压，分别记作 U_1 和 U_2，并记录到表 2-10 中。

（5）电流测量

a. 先将开关拨回"OFF"位置，然后将电源正极连线拔出。

b. 万用表挡位旋钮调至合适的电流挡后，将红表笔与电源正极相接，黑表笔接在 B 点。

c. 确认线路连接无误且接触良好后，开关重新拨至"ON"上电。读取此时万用表显示的数值，并记录到表 2-10 中，此电流记作 I_1，即流过电阻 R1 的电流。

d. 将开关拨回"OFF"，并恢复电源正极接线。断开 C、D 连线后，接入万用表电流挡测试，将结果记录到表 2-10 中，此电流记作 I_2，即流过电阻 R2 的电流。

表 2-10　电阻串联实验结果

总电阻 R/Ω	R1 两端电压 U_1/V	R2 两端电压 U_2/V	电流 I_1/A	电流 I_2/A

e. 观察表 2-10 的数据，分析串联电路中，总电阻 R 与 R_1 和 R_2 的关系、流过 R1 和 R2 电流的关系以及电源电压与 U_1 和 U_2 之间的关系。

❖ 测试电路中的电阻时，请勿在电路通电情况下进行，否则可能会损坏万用表。

❖ 电流表是串联在电路中的，而电压表则是并联在电路中的，连接时注意正、负极性。

❖ 万用表测试电阻、电压或电流，均要求选择合适挡位（挡位量程不宜过小或过大），以避免损坏万用表或造成测试结果误差。

❖ 万用表测试电阻、电流或电压时，应确保红、黑表笔连接的是待测物两端，切勿将电流表或电压表等测试仪表接入，否则会因为仪表的内阻影响而导致测试结果产生误差。

❖ 若电池盒红、黑导线剥线长度太短，则应用工具剥线至合适长度，以确保与面包板接触良好。

❖ 4 节 5# 电池安装到电池盒时，应注意确保电池正、负极性正确，以免供电不良。

2. 电阻并联实验

（1）按图 2-15（b）所示在面包板上完成电阻的并联连接，如图 2-18 所示。

（2）将万用表挡位旋钮调至合适的欧姆挡，红、黑表笔分别置于任意电阻的两端引脚，测得电路的总电阻 R，并将读数记录到表 2-11 中。

（3）电阻并联电路连接，如图 2-19 所示，分别将电池盒的红、黑导线接在 B 端和 G 端。

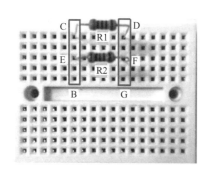

图 2-18　电阻并联实物

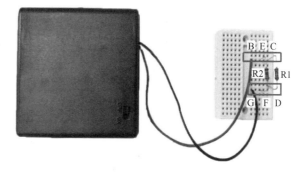

图 2-19　电阻并联电路连接图

（4）线路检查无误后，将电池盒上的开关拨到"ON"上电，万用表挡位旋钮调至合适的电压挡，红、黑表笔依次置于电源的正极和负极、R1 电阻两引脚以及 R2 电阻两引脚，测量它们的电压，并将结果记录在表 2-11 中，分别记作 U、U_1 和 U_2。

（5）电流测试

a. 先将开关拨回"OFF"，接着断开电源正极连线。

b．万用表挡位旋钮调至合适的电流挡，红、黑表笔分别搭接在电源正极和 E 点。

c．确认线路连接无误且接触良好后，开关拨至"ON"上电，读取此时万用表显示的数值，并记录在表 2-11 中，此电流记作 I，即电路总电流。

d．重复上述步骤，依次在 B、E 和 B、C 之间串入万用表，并将测量结果记录到表 2-11 中，电流分别记作 I_1、I_2，即流过电阻 R1 和 R2 的电流。

表 2-11　电阻并联实验结果

总电阻 R/Ω	电源端电压 U/V	R1 两端电压 U_1/V	R2 两端电压 U_2/V	电流 I/A	电流 I_1/A	电流 I_2/A

e．观察表 2-11 的数据，分析电阻并联电路中，总电阻 R 与 R_1 和 R_2 的关系、电流 I 与 I_1 和 I_2 的关系以及电源电压 U 与 U_1 和 U_2 的关系。

3．欧姆定律验证实验

（1）电流与电压的关系

a．按图 2-15（c）所示连接欧姆定律验证电路，如图 2-20 所示。

b．测量电压。接入电源并将万用表挡位旋钮调至合适电压挡，红、黑表笔搭接在电阻 R1 两端，并将读数记录在表 2-12 中。

c．测量电流。将万用表挡位旋钮调至合适电流挡，按原理图所示将其串接在电路中，即红表笔搭接在电源正极，黑表笔搭接在电阻 R1 一端。将电源盒上开关拨至"ON"上电，将读数记录在表 2-12 中。

d．通过调节电位器可改变流过电阻的电流和电压。每调节一次电位器，测量一次电阻 R1 的电压、电流，分别将测量结果记录在表 2-12 中。

图 2-20　欧姆定律验证电路实物

表 2-12　电压与电流测量结果

电压				
电流				

e．观察上述数据，并分析电流和电压有什么关系。

（2）电流与电阻的关系

a．电路实物沿用上述电路。电压、电流测试方法同上。

b．将电阻 R1 更换为不同阻值的固定电阻，使电阻变化。

c．调节电位器，保持固定电阻两端电压不变。

d．将对应不同阻值时的电流记录在表 2-13 中。

e．观察上述数据，分析电流和电阻有什么关系。

表 2-13　电流测试结果

电阻	100Ω	220Ω	1kΩ
电流			

2.2.5　必备知识

1. 面包板

面包板是一种多用途的万能实验板，可以将小功率的常规电子元器件直接插入，搭接出各式各样的实验电路。由于元器件可以根据组装、调试等需要进行反复插入或拔出，免去了焊接，且元器件可以重复使用，所以非常适合电子电路的组装、调试或训练。

本任务使用的面包板各孔间关系如图 2-21 所示。在实际组装时，建议遵循下述原则，尽量在组装电路过程中，减少对面包板的损坏，便于检查电路。

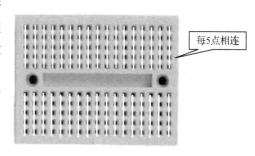

图 2-21　面包板示意图

（1）单芯导线垂直或水平贴在面包板上，养成与使用万能板焊接电路相同的习惯，以提高日后电路布线的能力。

（2）以红色单芯线连接电源正极或高电位，黑色单芯线连接电源负极（地线）或低电位，以便降低安装错误，提高电路纠错的能力。

（3）装配使用的单芯线可以互跨，但不可以跨越元器件，以方便更换元器件。

（4）元器件可以跨越单芯线，放置时应成水平或垂直情形，同时注意避免因引脚相互碰触而导致短路的发生（必要时可修剪引脚长度）。

（5）引脚较粗的元器件应以单芯线焊接后，再插入面包板连接孔，以避免因粗引脚强行插入时，导致面包板内部夹子的弹性减弱，造成后续使用时出现接触不良现象。

（6）装配时，要依据电路图装配。通常，将电源正极规划在面包板的上方，电源负极规划在下方，输入端规划在左方，输出端规划在右方，即与电路图绘制情况一致，以提高电路纠错的速度。

（7）面包板上安装的电路，实验完成后，应立即拆除所有的元器件及单芯导线，避免长期放置，导致内部夹子弹性减弱，造成后续使用出现接触不良现象。

2. 电阻串联和并联

以下介绍的关于电阻串联和并联的知识，均针对纯电阻电路而言，如图 2-22 所示。

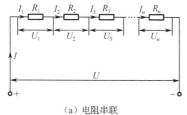

（a）电阻串联

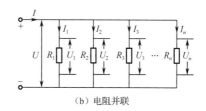

（b）电阻并联

图 2-22　电阻串、并联示意图

（1）电阻串联

a．电阻串联的总电阻等于各串联电阻之和，即总电阻 $R=R_1+R_2+R_3+\cdots+R_n$，因此，串联电阻越多，总电阻就越大。若把 n 个阻值相同的电阻 R_0 串联，则总电阻为 $R=nR_0$。

b．电阻串联电路中，流过各串联电阻的电流相等，且等于串联电路中的总电流，即 $I=I_1=I_2=I_3=\cdots=I_n$，总电压为各电阻电压之和，即 $U=U_1+U_2+U_3+\cdots+U_n$。

（2）电阻并联

a．电阻并联的总电阻的倒数等于各并联电阻的倒数之和，即 $\dfrac{1}{R}=\dfrac{1}{R_1}+\dfrac{1}{R_2}+\dfrac{1}{R_3}\cdots+\dfrac{1}{R_n}$，若把 n 个阻值相同的电阻 R_0 并联，则总电阻为 $R=R_0/n$。

b．电阻并联电路中，流过各并联电阻的电压相等，且等于电路的电源电压，即 $U=U_1=U_2=U_3=\cdots=U_n$，而总电流则为流过各电阻的电流之和，即 $I=I_1+I_2+I_3+\cdots+I_n$。

在电子设计、制作、维修或调试过程中，若无法找到某个阻值的电阻，则可采用多个电阻串联或并联的方式以满足需求；若因电阻功率不够，则可采用多个阻值大而功率小的电阻并联，或多个阻值小且功率小的电阻串联，此两种方式中每个电阻承受的功率均减小。

3．欧姆定律

（1）定义

导体中的电流 I，与导体两端的电压 U 成正比，与导体的电阻 R 成反比，用公式表示为 $I=U/R$。其中，电流单位为安培（A），电压单位为伏特（V），电阻单位为欧姆（Ω）。

（2）应用

纯电阻电路中，只要已知导体的电压、电流和电阻中的任意两个参数，即可根据欧姆定律求解第三个参数。因此电路中的电阻，可用万用表电流挡和电压挡，分别测出电流和电压后，根据欧姆定律即可计算阻值。此方法被称作伏安法。

欧姆定律不仅适用于单一电阻电路，还适用于多个电阻的串联或并联电路。

2.2.6　任务拓展

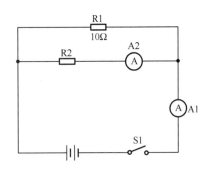

1．右图所示的电路中，电阻 R1 的阻值是 10Ω，闭合开关 S1，电流表 A1 的读数是 2A，电流表 A2 的读数是 0.8A，计算：

（1）流过电阻 R1 的电流是多少？

（2）电阻 R1 两端的电压是多少？

（3）电阻 R2 的阻值是多少？

2．现有一用电工具，供电电压为交流 220V，电阻为 160Ω，那么流过它的电流是多少？

2.2.7　课后习题

1．电阻 R1 与 R2 并联，若通过 R1 的电流小于通过 R2 的电流，则 R1、R2 对电流的阻碍作用是（　　）。

A．R1 对电流的阻碍作用大　　　　　　　　B．R2 对电流的阻碍作用大

C．R1 和 R2 对电流的阻碍作用一样大　　　　　　D．大小关系无法判断

2．下图电路中，开关 S 闭合后，两个电阻串联的是（　　　）。

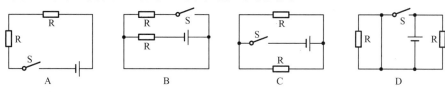

3．下图所示电路中，已知 $R_2=R_4$，A、C 间电压 $U_{AC}=7V$，B、D 间电压 $U_{BD}=15V$，则 A、E 间电压 $U_{AE}=$＿＿＿＿＿＿＿＿。

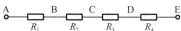

4．三个完全相同的电阻，它们串联的总电阻是并联总电阻的＿＿＿＿＿＿＿倍。

5．某导体两端电压为 5V 时，通过它的电流为 0.5A，当它两端的电压为 15V 时，通过它的电流为＿＿＿＿＿＿＿。

2.3　任务 3　特殊电阻器的识别与检测

2.3.1　任务目标

通过本任务，进一步认识热敏、光敏等特殊电阻器。

➤ 熟悉热敏、光敏等特殊电阻器的用途，掌握检测方法。

➤ 掌握热敏、光敏等特殊电阻器的特点。

2.3.2　所需工具和器材

所需工具和器材如表 2-14 所示。

表 2-14　所需工具和器材

类　　别	名　　称	规　　格	数　　量
工具	镊子		1
	螺丝刀	3mm，一字	1
	万用表	指针/数字	1
器材	热敏电阻	MF72，10D-7	1
	光敏电阻	5539	1
	湿敏电阻	HR202	1
	压敏电阻	10D471K 10D	1

2.3.3　任务步骤

1．热敏电阻的检测

（1）将万用表挡位旋钮调至欧姆挡合适量程，红、黑表笔分别搭在热敏电阻的两引脚（不分正、负极），如图 2-23 所示。读取此时万用表测得的电阻值。

（2）保持红、黑表笔不动，用火焰或其他热源由远及近（热源越近，温度越高）加热热敏电阻，如图 2-24 所示。观察万用表的读数是否随温度变化而变化。若有，则说明热敏电阻基本正常；反之，则说明热敏电阻性能不良。

热敏电阻的检测

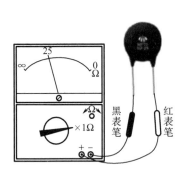

图 2-23　热敏电阻常温下阻值测试示意图

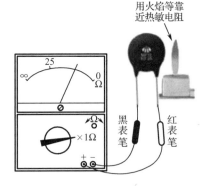

图 2-24　热敏电阻阻值测试示意图

> ❖ 热敏电阻标称阻值可见其包装标签或规格书。
> ❖ 万用表欧姆挡挡位根据实际标称阻值选择，若未知标称阻值，则优先选择最大挡位。
> ❖ 常温下测得的热敏电阻阻值通常接近或等于标称阻值。
> ❖ 加热热敏电阻时，温度不宜过高，以免损坏热敏电阻。

2．光敏电阻的检测

（1）暗电阻测量。万用表挡位旋钮调至欧姆挡合适挡位，用黑色的布、纸等遮光物品将电阻受光面遮住，如图 2-25 所示，再将红、黑表笔分别搭在两引脚上，观察此时万用表读数。若万用表读数大于 100kΩ，则说明光敏电阻正常；若为 0，则说明其短路损坏。

光敏电阻的检测

（2）亮电阻测量。将万用表挡位旋钮调至欧姆挡合适挡位，用光源照射光敏电阻的受光面，如图 2-26 所示，再将红、黑表笔分别搭在两引脚上，观察万用表读数。若万用表读数随光照强度变化而变化，则说明光敏电阻正常；若为无穷大，则说明其开路损坏。

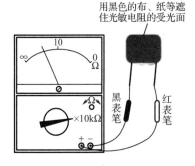

图 2-25　光敏电阻暗电阻测试示意图

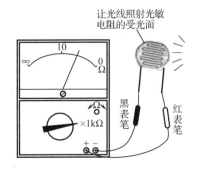

图 2-26　光敏电阻亮电阻测试示意图

3．湿敏电阻的检测

（1）万用表挡位旋钮调至欧姆挡合适挡位，将红、黑表笔分别搭在湿敏电阻两端，如图 2-27 所示，观察此时万用表读数。若读数与标称阻值一致或接近，则说明正常；若为 0Ω，则说明短路；若为无穷大，则说明开路；若与标称阻值相差很大，则说明性能变差或损坏。

湿敏电阻的检测

（2）保持红、黑表笔不动，朝湿敏电阻哈气或用湿棉签擦拭表面等改变湿度，如图 2-28 所示，观察此时万用表读数。若读数随着湿度变化而变化，则说明湿敏电阻正常；反之，则说明其损坏。

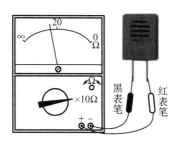

图 2-27　正常条件下测量阻值示意图

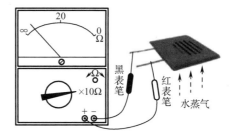

图 2-28　改变湿度测试阻值示意图

4．压敏电阻的检测

（1）如图 2-29 所示，将万用表挡位旋钮调至欧姆挡最大挡位，红、黑表笔搭在压敏电阻两端，不分正、负。

压敏电阻的检测

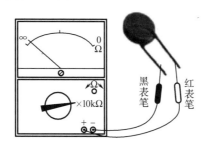

图 2-29　压敏电阻好坏检测示意图

（2）观察万用表读数，若测量阻值接近或等于无穷大，则说明压敏电阻正常；若有阻值，则说明压敏电阻已击穿损坏。

2.3.4　必备知识

1．热敏电阻

热敏电阻是一种阻值随温度变化而变化的电阻，是一种用温度控制阻值的元件。

（1）外形特征

热敏电阻有两根引脚，不区分正、负极。其外形有球形、杆形、管形、圆圈形等，如图 2-30 所示。

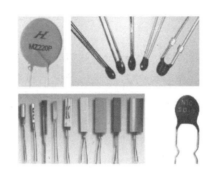

图 2-30　热敏电阻实物图

（2）分类

热敏电阻主要有正温度系数（PTC）和负温度系数（NTC）两种。

a. PTC 热敏电阻的阻值是随温度的升高而升高的。PTC 可分为缓慢型和开关型。其中，前者常用于温度补偿电路中；后者因为具有开关性质，所以常用在开机瞬间接通而后立即关断的电路中，如彩电的消磁电路和冰箱的压缩机启动电路等。

b. NTC 热敏电阻的阻值随温度的升高而减小，广泛应用于温度补偿和温度自动控制电路，如冰箱、空调等温控系统多采用 NTC 作为测温元件。

图 2-31　热敏电阻图形符号

（3）图形符号

热敏电阻图形符号如图 2-31 所示。

（4）主要参数

a. 额定零功率电阻值 R_{25}，又称标称阻值，是指热敏电阻在 25℃环境温度下工作时的阻值，用万用表测量时，由于环境温度的差异，阻值不一定与标称阻值一致。

b. 最小电阻值 R_{min}，是指元件零功率时，电阻率-温度特性曲线中的最小电阻值，对应的温度为 t_{min}。

c. 最大电阻值 R_{max}，是指元件零功率时，电阻率-温度特性曲线中的最大电阻值。

2. 光敏电阻

光敏电阻的阻值随光线强度的变化而变化。照射光线越强，阻值越小；反之，阻值越大。

（1）外形特征

光敏电阻有两根引脚，不区分正、负极，如图 2-32 所示。

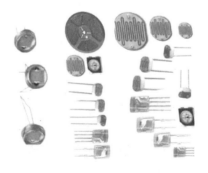

图 2-32　光敏电阻实物图

（2）分类

光敏电阻按光谱特性可分为可见光、紫外光和红外光光敏电阻三类。

a．可见光光敏电阻主要用于各种光电自动控制系统、电子照相机、光报警等电子产品中，如光控开关、人体感应开关、照相机等。

b．紫外光光敏电阻主要用于紫外线探测仪器。

c．红外光光敏电阻主要用于天文、军事等领域的相关自动控制系统中。

（3）图形符号

光敏电阻图形符号如图 2-33 所示。

图 2-33 光敏电阻图形符号

（4）主要参数

a．暗电阻，指在室温和全暗条件下测得的稳定电阻值，越大越好。

b．亮电阻，指在室温和一定光照下测得的稳定电阻值，越小越好。

c．暗电流，指在无光照射时，在规定的外加电压下通过的电流。

d．亮电流，指在规定的外加电压下受到光照时所通过的电流。

e．最高工作电压，指在额定功率下所承受的最高电压。

f．灵敏度，指在有光和无光照射时阻值的相对变化。

3. 湿敏电阻

湿敏电阻是阻值随周围环境湿度变化而变化的元件，常用作检测湿度的传感器，广泛应用于电子万年历、加湿设备、除湿设备、空调、工业、农业等方面，可分为正电阻湿度特性和负电阻湿度特性湿敏电阻两类：前者阻值随湿度增大而增大；后者随湿度增大而减小。

（1）外形特征

湿敏电阻有两根引脚，不区分正、负极，如图 2-34 所示。

（2）图形符号

湿敏电阻图形符号如图 2-35 所示。

图 2-34 湿敏电阻实物图

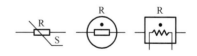

图 2-35 湿敏电阻图形符号

（3）主要参数

a．相对湿度，指在某一温度下，空气中所含水蒸气的实际密度和同一温度下饱和密度之比，通常用 RH 表示。例如，50%RH 表示空气相对湿度是 50%。

b．湿度温度系数，指在环境湿度恒定时，在温度每变化 1℃时，湿度指示的变化量。

c．灵敏度，指检测湿度时的分辨率。

d．测湿范围，指湿度测试范围。

e．响应时间，指在湿度检测环境快速变化时，阻值变化的反应速度。

4．压敏电阻

压敏电阻是一种利用半导体材料的非线性特性制成的对电压敏感的电阻器。当压敏电阻两端外加电压低于标称电压时，其阻值接近或等于无穷大；当超过标称电压时，其阻值急剧减小；当两端电压恢复至低于标称电压时，其阻值又变回接近或等于无穷大。压敏电阻常用作过电压和防雷保护等。

（1）外形及图形符号

压敏电阻外形及图形符号如图 2-36 所示。

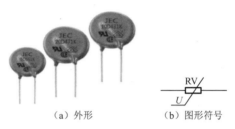

（a）外形　　　　　　　（b）图形符号

图 2-36　压敏电阻外形及图形符号

（2）主要参数

a．标称电压，又称压敏电压、击穿电压或阈值电压，指通过 1mA 直流电流时，压敏电阻两端的电压大小。在压敏电阻上常会标识标称电压，如 220K、471K 分别表示标称电压为 $22×10^0$＝ 22V、$47×10^1$＝470V，K 表示误差为±10%。在选用压敏电阻时，可通过标称电压为 $2.2U_{AC}$ 来选择。

b．漏电流，指施加 75%标称电压时通过的直流电流，通常小于 50μA。

c．通电流，指在短时间内（几微秒到几毫秒）允许流过的最大电流。

2.3.5　任务拓展

1．既然敏感特殊电阻的阻值会随温度、光线等变化而变化，那么请问其阻值是想变多大都可以吗？

2．在工业生产中，经常用热敏电阻来探测温度。如图 2-37（a）所示的电路，将热敏电阻 R_0 放置在热源内，其余部分都置于热源外，这样就可以通过电流的指示值来表示热源温度。已知电源电压为 9V，定值电阻 R 的阻值为 100Ω，热敏电阻 R_0 的阻值与温度变化的关系如图 2-37（b）所示。请问:当热源的温度升高时，热敏电阻的阻值是多少？电流表的读数如何变化？

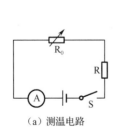

（a）测温电路

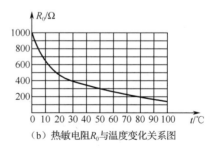

（b）热敏电阻 R_0 与温度变化关系图

图 2-37　测温电路及热敏电阻温度变化曲线

2.3.6　课后习题

1．热敏电阻主要分为哪两类？主要参数有哪些？
2．光敏电阻按光谱特性主要可分为哪几类？主要参数有哪些？
3．湿敏电阻有什么特点？主要参数有哪些？
4．压敏电阻的工作原理是什么？主要参数有哪些？

2.4　任务4　电容器的识别与检测

2.4.1　任务目标

通过本任务，进一步了解电容器的分类、型号命名以及图形符号等知识，并且学会电容器的检测。

➢ 熟悉电容器的分类、符号、性能等。
➢ 掌握电容器的识读和检测方法。
➢ 了解特殊电容器的特点。

2.4.2　所需工具和器材

所需工具和器材如表 2-15 所示。

表 2-15　所需工具和器材

类　　别	名　　称	规　　格	数　　量
工具	万用表	指针/数字	1
器材	瓷片电容	插针，100nF(104)	2
	高压瓷片电容	插针，100pF，1kV	2
	贴片电容	贴片，1206，10μF	2
	电解电容	插针，10μF，25V	2
	贴片电解电容	贴片，3.3μF，50V	2
	安规电容	X，100nF，275V，脚距 10mm	1
	安规电容	X，100nF，275V，脚距 15mm	1
	安规电容	Y1，470pF，400V	1
	安规电容	Y2，4.7nF，250V	1

2.4.3　任务步骤

电容器识别与检测

1．电容器的识别与检测

（1）认识瓷片电容和电解电容，观察它们有什么特点。

（2）读出瓷片电容和电解电容的标称容量等信息，并记录在表 2-16 中。

表 2-16 电容读数

类型	瓷片电容（无极性）						电解电容（有极性）			
序号	1	2	3	4	5	6	1	2	3	4
容量										
耐压										
工作温度										

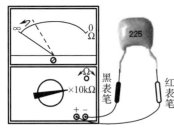

图 2-38 瓷片电容检测示意图

（3）判断电解电容的极性，两个引脚中哪个为正、哪个为负。

（4）电容的检测。

a．瓷片电容（无极性电容）的检测。首先选择万用表合适的欧姆挡并校零，然后按照如图 2-38 所示，将红、黑表笔分别搭在电容两引脚上，观察指针的变化并判断电容的好坏。

> ❖ 用指针万用表检测时，只能检查电容是否漏电、内部是否短路或击穿等现象。
>
> ❖ 对于小于 10nF 的电容，万用表欧姆挡一般选择 ×10kΩ 挡；对于较大容量的电容，选择 ×100Ω 或 ×1kΩ 挡。
>
> ❖ 一般情况下，用指针万用表测量小容量瓷片电容时，指针应该有轻微抖动或偏转。若指针不动，则说明电容容量已减小或已失容损坏；若指针偏转幅度很大或为 0，则说明已击穿损坏。
>
> ❖ 万用表指针摆动的过程实际就是万用表内部电池对电容充电的过程，容量越小，充电越快，指针摆动幅度就越小，充电完成后，指针停在无穷大处。

b．电解电容（极性电容）的检测。首先将两引脚短接进行充分放电；然后将万用表选择合适的欧姆挡并校零；最后按照如图 2-39 所示，测正向电阻（黑表笔接正极、红表笔接负极）和反向电阻（红表笔接正极、黑表笔接负极），观察指针的变化并判断电容的好坏。

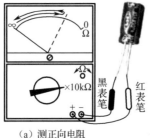 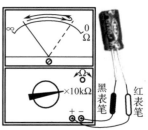

（a）测正向电阻　　　　　　　（b）测反向电阻

图 2-39 电解电容检测示意图

💡 ❖ 不同容量的电解电容,选择万用表的挡住也不同。通常 1~47μF 的电容,选择×1kΩ 挡;>47μF 的电容,选择×100Ω 挡。电容容量越小,选择挡位越大。

　　❖ 测量电解电容前,应将两引脚短路进行充分放电,避免万用表指针被打弯。

　　❖ 测量正向和反向电阻时,万用表指针均应先向右偏转较大角度,然后逐渐向左返回,直至停在某一位置,其值一般在几百千欧以上。电容反向电阻应比正向电阻略小,利用这一特性,可判别出正、负极标识不明的电解电容。

　　❖ 用万用表检测电容时,若指针不动,则说明电容容量消失或开路;若正、反向电阻很小或为 0,则说明电容漏电流大或短路。

2．特殊电容器——安规电容的识别

（1）认识 X 型和 Y 型安规电容,观察它们有什么特点。

（2）分别读出 X 型和 Y 型安规电容的标称容量等信息,并记录到表 2-17 中。

表 2-17　安规电容读数

类型	X 型电容		Y 型电容	
	1	2	1	2
标称容量				
误差范围				
耐压值				
安全等级				

2.4.4　必备知识

电容器

　　电容器是一种可以储存电能的元件,储存电荷的多少称为容量,通常用符号 C 表示。电容容量的单位为法拉,简称法,用符号 F 表示,常用的单位有 pF（皮法）、nF（纳法）和 μF（微法）,换算关系是 $1\mu F=10^3 nF=10^6 pF$。

　　（1）电容器的分类

　　电容器简称电容,主要可分为固定电容器、可变电容器和半可变电容器。其中,固定电容器又有无极性电容（如陶瓷电容、瓷片电容）和极性电容（如铝电解电容、钽电容）两种。在本任务中,重点介绍固定电容器。电容实物外形如图 2-40 所示。

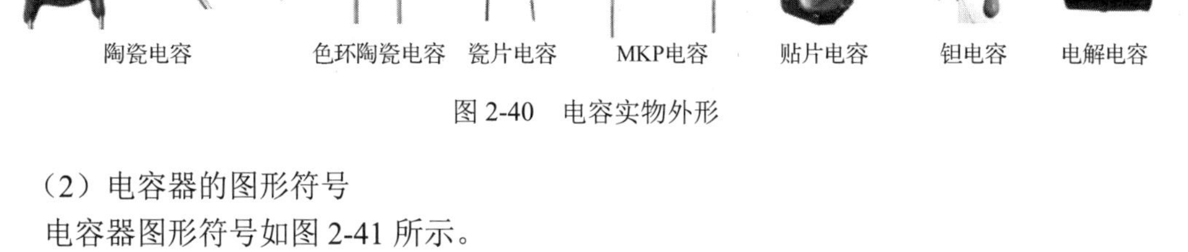

陶瓷电容　　色环陶瓷电容　瓷片电容　　MKP电容　　贴片电容　　钽电容　　电解电容

图 2-40　电容实物外形

　　（2）电容器的图形符号

　　电容器图形符号如图 2-41 所示。

| 普通电容器 | 电解电容器 | 极性电容器 | 可变电容器 | 半可变电容器 |

图 2-41　电容器图形符号

（3）电容器的作用

电容器具有隔直流、通交流的作用，在电路中应用很广泛。电容器对交流电流具有一种特殊阻力，称为容抗，用符号 X_C 表示，公式为 $X_C=1/(2\pi fC)$。其中，f 为频率；C 为容量。利用这一特性，电容器广泛应用在谐振回路、耦合回路、退耦网络、频率补偿等电路。利用电容器的充、放电的特性，可构成定时电路、锯齿波发生电路、微分和积分电路、滤波电路等。

（4）国产电容器的型号命名

国产电容器的型号由 4 部分组成：第 1 部分为主称；第 2 部分表示介质材料；第 3 部分表示结构类型的特征分类；第 4 部分为序号，如表 2-18 所示。

表 2-18　电容器的型号命名方法

第1部分 主称		第2部分 材料		第3部分 特征分类						第4部分 序号
符号	意义	符号	意义	符号	意义					
						瓷介	云母	有机	电解	
C	电容器	C	瓷介	1	圆片	非密封	非密封	箔式		对主称、材料、特征分类相同，仅尺寸、性能指标略有差异，但基本上不影响互换的产品用同一序号表示。若尺寸、性能指标的差异已明显影响互换时，则在序号后面用不同大写字母予以区别
		Y	云母	2	管形	非密封	非密封	箔式		
		I	玻璃釉	3	叠片	密封	密封	烧结粉液体		
		O	玻璃膜	4	独石	密封	密封	烧结粉液体		
		Z	纸介	5	穿心			穿心		
		J	金属化纸	6	支柱管			无极性		
		B	聚苯乙烯	7						
		L	涤纶	8	高压	高压	高压			
		Q	漆膜	9			特殊	特殊		
		S	聚碳酸酯	G	高功率					
		H	复合介质							
		D	铝							
		A	钽							
		N	铌							
		G	合金	W	微调					
		T	钛							
		E	其他材料							

（5）电容器标识方法

a．直标法。其主要在体积较大的电容器上（如电解电容）标识标称容量、额定电压、工作温度等参数，如图 2-42 所示；体积小的（如小容量瓷介电容）则只标识标称容量。

图 2-42　直标法示意图

b．数码法。通常采用 3 位数码标识，前两位表示容量有效值，第 3 位为倍率，单位为 pF（最小标注单位），若第 3 位是 9，则倍率为 10^{-1}。例如，电容上标识 103，则容量为 $10 \times 10^3 = 10000pF$；109 表示 $10 \times 10^{-1} = 1pF$。

c．色环法。一般使用三环标识，色环含义如表 2-19 所示。前两环标识容量有效数字，第 3 位表示倍率。例如，有一电容色环为棕、黑、红，则容量为 $10 \times 10^2 = 10000pF$。

表 2-19　色环含义

颜色	黑	棕	红	橙	黄	绿	蓝	紫	灰	白
有效数字	0	1	2	3	4	5	6	7	8	9
倍率	10^0	10^1	10^2	10^3	10^4	10^5	10^6	10^7	10^8	10^9

（6）电容器耐压

电容的耐压有低压和中高压两种，低压通常为 200V 以下，一般有 6.3V、10V、16V、25V、50V、100V、160V、200V 等；中高压一般有 250V、400V、1000V 等。

（7）极性电容的极性识别

极性电容在安装时，正、负极性一定不能接反（正极接高电位，负极接低电位），否则轻则造成电容不能正常工作，重则电容发生炸裂，所以极性电容的极性识别至关重要。极性电容有插针式和贴片式两种，其中对于插针式极性电容，一般引脚长的为正极（新的未剪引脚）；若引脚已剪，则铝电解电容标有负号的为负极，钽电解电容则是正极引脚有标记。而对于贴片式来说，贴片铝电解电容的负极处顶面有一黑色标志，钽电解电容的正极处顶面有黑色或白色线。电容极性示意图如图 2-43 所示。

电解电容　　　钽电解电容　　　贴片铝电解电容　　　贴片钽电解电容

图 2-43　电容极性示意图

（8）电容容值的检测

电容容值的测量，通常使用带有电容容值测量功能的数字万用表或 RCL 电桥等设备进行测量，测量的电容值应该要在电容规定的误差范围内。例如，现有一个容量为 100nF、误差为 ±10% 的电容，那么通过设备测量的容值应在 90～110nF 范围内；若测得的容值在该范围外，则判定为电容不合格。另外，需注意的是，电解电容在测量前，应先进行两引脚短路来释放其存储的电荷，以免造成测试仪表的损坏。

（9）电容的串、并联

a．电容的串联

电容串联电路中，各串联电容上的电压之和等于加在串联电路的电源电压，其公式为 $U=U_1+U_2+U_3+\cdots+U_n$；各电容串联后的总电容的倒数等于各串联电容的倒数之和，其公式为 $\dfrac{1}{C}=\dfrac{1}{C_1}+\dfrac{1}{C_2}+\dfrac{1}{C_3}+\cdots+\dfrac{1}{C_n}$，即电容串联得越多，总容量越小。而电容串联后的总耐压增大（高于最低耐压的电容），因此，电容在串联时，容量小的电容应尽量选择耐压值高的，以接近或等于电源电压为佳。

b．电容的并联

电容并联电路中，各电容上的电压相等，且各电容并联后的总电容等于各并联电容之和，即 $C=C_1+C_2+C_3+\cdots+C_n$，即电容并联得越多，总容量越大。而电容并联后的总耐压以最小耐压的电容器为准。

（10）特殊电容——安规电容

安规电容通常有 X 型和 Y 型两种，它们的实物图如图 2-44 所示。X 型电容主要用在交流电 L（火线）和 N（零线）之间；Y 型电容则用于 L 和地或 N 和地之间，一般成对出现。基于漏电流的限制，X 型电容一般为 μF 级，Y 型电容则一般为 nF 级。

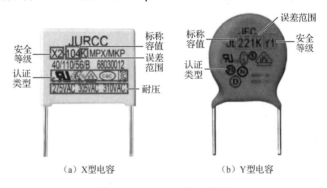

（a）X型电容　　　　　　　（b）Y型电容

图 2-44　安规电容实物图

a．安全等级。X 型电容的安全等级通常按允许的脉冲电压大小分为 X1、X2 和 X3 三种：2.5kV<X1≤4.0kV、X2≤2.5kV 和 X3≤1.2kV。而 Y 型电容则按绝缘等级分为 Y1、Y2、Y3 和 Y4 四种。Y1 电容双重或加强绝缘≥250V、耐高压>8kV；Y2 电容基本或附加绝缘≥150V 且≤250V、耐高压>5kV；Y3 电容基本或附加绝缘≥150V 且≤250V；Y4 电容基本或附加绝缘<150V、耐高压>2.5kV。

b．认证类型。安规电容认证标志如表 2-20 所示。

表 2-20　安规电容认证标志

认证标志	🅁🄻	CQC	Ⓓ	ⓈA	VDE
国家或地区	美国	中国	丹麦	加拿大	德国

认证标志	CE	$\textcircled{S}$	$\textcircled{FI}$	$\textcircled{\tiny +}{S}$	$\textcircled{N}$
国家或地区	欧盟	瑞典	芬兰	瑞士	挪威

2.4.5　任务拓展

1．瓷片电容常采用数码法标注容量，请问标志为 120、222、475、686、829 分别表示的标称容量是多少？

2．实际使用中，遇到有极性标志不明、引脚已裁剪的电解电容时，请问应如何判断电解电容的正、负极性？

3．任选 3 个电解电容，分别进行串联连接和并联连接，请分别测试它们串联后和并联后的总容量是多少？

2.4.6　课后习题

1．什么是电容器？其常用单位有哪些？

2．电容器通常可以分为哪几类？各有什么特点？

3．电容器标称信息标识方法主要有哪几种？

4．电解电容常见耐压值有哪些？

5．极性电容的极性如何识别？其质量好坏如何判断？

2.5　任务 5　电感器的识别与检测

2.5.1　任务目标

通过本任务，进一步了解电感器的分类、型号命名以及图形符号等知识，并且学会电感器的检测。

➢ 熟悉电感器的分类、符号、常用电感器的性能等。

➢ 掌握电感器的识读和检测方法。

➢ 了解特殊电感器的特点。

2.5.2　所需工具和器材

所需工具和器材如表 2-21 所示。

表 2-21　所需工具和器材

类　别	名　称	规　格	数　量
工具	万用表	指针/数字	1
器材	色环电感	0410，100μH	2
	色环电感	0510，1mH	2
	工字型电感	0608，4.7μH	2

续表

类　　别	名　　称	规　　格	数　　量
器材	工字型电感	0810，680μH	2
	贴片电感	0630，3.3μH	2
	贴片电感	CD54，10μH	2

2.5.3　任务步骤

1．电感器的识读

电感器识别与检测

从电感本体上或包装标签上分别读出色环电感、工字型电感和贴片电感的标称电感量，并记录到表2-22中。

表2-22　电感识读结果

	序　号		1	2	3	4
标称电感量	类型	色环电感				
		工字型电感				
		贴片电感				

2．电感器的检测

如图2-45所示，将万用表挡位旋钮拨至×1Ω挡并校零，再将红、黑表笔依次搭在色环电感、工字型电感和贴片电感的两引脚上，通过观察万用表指针的变化及所测阻值的大小，判断各电感的好坏。

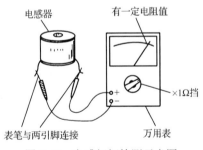

电感器　　　　有一定电阻值

×1Ω挡

表笔与两引脚连接　　　　万用表

图2-45　电感好坏检测示意图

❖ 用指针万用表检测时，只能检查电感的好坏，即是否短路、断路、绝缘不良等。

❖ 电感无正、负极性之分。

❖ 正常测得的电阻值应该接近0Ω或小阻值；如果指针不动，即阻值为无穷大，则说明电感内部断路；如果指针偏转不稳定，则说明电感内部接触不良；如果检测较大电感量的电感，其阻值为0，则说明其内部短路。

❖ 对带有屏蔽罩或既有磁芯又有屏蔽罩的电感，需检测其绝缘电阻。万用表选择×10kΩ挡，红、黑表笔分别接线圈引脚和金属屏蔽罩或铁芯，其绝缘电阻应接近或等于无穷大，否则说明电感绝缘性不良。

2.5.4　必备知识

1. 电感器

电感器是由导线在绝缘支架上绕制一定匝数的线圈，所以又称电感线圈，简称电感，通常用符号 L 表示。它是可以把电能转换成磁能并存储起来的储能元件，具有通直流、隔交流的作用。电感的常用单位有 H（亨利）、mH（毫亨）、μH（微亨）、nH（纳亨），换算关系是 $1H=10^3mH=10^6\mu H=10^9nH$。它经常与电容器一起构成 LC 滤波器、LC 振荡器等。另外，还利用电感的特性，制造了扼流圈、变压器、继电器等。

（1）分类

电感的分类很多，按电感量是否可调分为固定式电感、可变电感和微调电感；按绕制的支架分为空心电感（无支架）、铁芯电感（硅钢片支架）和磁芯电感（磁性材料支架）；按工作性质分为高频电感（天线线圈）、振荡线圈、低频电感（各种扼流圈、滤波线圈）和高频扼流圈；按封装形式分为普通电感（色环、色标电感）、贴片电感等。常见电感的实物图如图 2-46 所示。

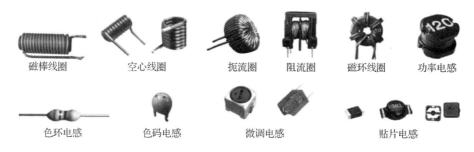

图 2-46　常见电感的实物图

（2）作用

电感器对交流电流呈现的阻力称为感抗，用符号 X_L 表示，单位为 Ω，其计算公式为 $X_L=2\pi fL$，其中，f 为频率，L 为电感值。电感器在电路中有阻流、分频、调谐、选频、滤波、耦合等作用，其可与电容器组成选频、调谐电路，应用于如收音机等设备中。

（3）图形符号

电路中，电感器常用图形符号通常有如表 2-23 所示的几种。

表 2-23　电感的图形符号

图 形 符 号	说　　　明
	不含磁芯或铁芯的电感器图形符号
	含磁芯或铁芯的电感器图形符号
	有高频磁芯的电感器图形符号
	磁芯中有间隙的电感器图形符号
	有磁芯且可微调的电感器图形符号

图 形 符 号	说　　明
〰️	无磁芯有抽头的电感器图形符号，这种电感有 3 根引脚

（4）型号命名方法

国产电感的型号命名一般由三部分组成，具体如表 2-24 所示。

表 2-24　电感的型号命名及含义

第一部分		第二部分			第三部分	
主称		电感量			误差范围	
字母	含义	数字与字母	数字	含义	字母	含义
L 或 PL	电感线圈	2R2	2.2	2.2μH	J	±5%
		100	10	10μH	K	±10%
		101	100	100μH		
		102	1000	1mH	M	±20%
		103	10000	10mH		

（5）主要参数

a．电感量，其大小主要和线圈的匝数（圈数）、绕制方式和磁芯材料等有关。线圈匝数越多、线圈绕制越密，电感量就越大；有磁芯电感电感量大于无磁芯的；电感的磁芯电导率越高，电感量则越大。

b．误差，指电感器上标称电感量与实际电感量的差值。

c．品质因数，也称 Q 值，是衡量电感质量的主要参数。它是指当电感两端加某一频率的交流电压时，其感抗（电感对交流信号的阻碍）与直流电阻的比值，其中感抗与电感量大小成正比。提高品质因数既可通过提高电感的电感量，也可以通过减小直流电阻来实现。

d．额定电流，指电感在正常工作时允许通过的最大电流值。实际使用时，要注意通过电感的电流不能超过其额定电流，否则电感器可能会因为过电流而过热，导致其性能参数改变，甚至烧坏。

（6）标识方法

a．直标法。它是在电感器的外壳上直接用数字标识标称电感量，如 330μH；用 Ⅰ、Ⅱ、Ⅲ表示允许误差，分别表示±5%、±10%、±20%；用字母 A、B、C、D、E 表示额定工作电流，分别表示 50mA、150mA、300mA、0.7A 和 1.6A，如图 2-47 所示。

b．数码法。通常采用 3 位数码标识，前两位表示电感量有效值，第 3 位则为倍率，单位为 μH（最小标注单位）。例如，电感上标识 101，则电感量为 $10×10^1=100μH$。还有采用中间用 R 表示小数点，第一和第三位都是有效数字。例如，电感上标识 3R3，则表示电感量为 3.3μH。

c．色环法。采用色环法的电感又称色环电感，其电感量和误差标注方法同色环电阻，单位是 μH。色环电感各色环颜色含义及代表数值请参考色环电阻。例如，一色环电感色环依次是棕、红、红、银，则其电感量为 $12×10^2=1200μH=1.2mH$，误差是±10%。

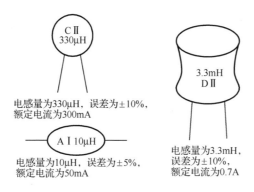

图 2-47　直标法示意图

（7）电感量的检测

电感量的检测通常使用带电感量检测功能的数字万用表或者 RCL 电桥等设备，测量得到的电感量应在误差范围内。例如，一电感量为 100mH，误差值为 ±10%，其电感量测量值应该为 90～110mH，否则，此电感不合格。

（8）电感的串、并联

a．电感的串联

电感串联后的总电感量等于各串联电感的电感量之和，即 $L=L_1+L_2+L_3+\cdots+L_n$。

b．电感的并联

电感并联后的总电感量的倒数等于各电感的电感量的倒数之和，即 $\dfrac{1}{L}=\dfrac{1}{L_1}+\dfrac{1}{L_2}+\dfrac{1}{L_3}+\cdots+\dfrac{1}{L_n}$。

2．变压器

变压器是利用互感应原理工作的，具有通交流隔直流、电压变换、阻抗变换和相位变换的作用，通常用符号 T 表示。变压器结构示意图如图 2-48 所示，主要由绕组和铁芯组成。绕组通常由漆包线（表面涂有绝缘层的导线）或纱包线绕制而成，与输入信号连接的绕组称为初级绕组或初级线圈，输出信号的绕组则称次级绕组或次级线圈。

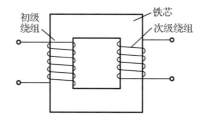

图 2-48　变压器结构示意图

（1）外形与图形符号

变压器的外形与图形符号如图 2-49 所示。

（2）标识方法

变压器的参数标识方法通常用直标法，不同用途变压器标注的内容不同，无统一格式。

使用中以实际变压器相关资料为准。

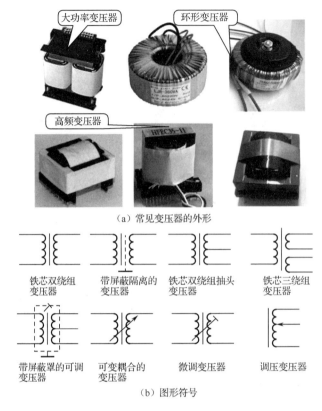

（a）常见变压器的外形

铁芯双绕组
变压器　　带屏蔽隔离的
变压器　　铁芯双绕组抽头
变压器　　铁芯三绕组
变压器

带屏蔽罩的可调
变压器　　可变耦合的
变压器　　微调变压器　　调压变压器

（b）图形符号

图 2-49　变压器实物及图形符号

3．特殊电感

本任务中将可调电感、低频扼流圈、高频扼流圈及印刷电感定义为特殊电感，具体如下。

（1）可调电感

可调电感是指可以通过调节磁芯或铜芯在线圈中的位置来改变电感量的电感器，其实物图如图 2-50 所示。其中，磁芯可调电感应用最广泛，当磁芯旋进线圈时，电感量增加，反之则减小；而铜芯电感则相反，铜芯旋进线圈时，电感量减小，反之则增大。

（2）低频扼流圈

低频扼流圈也称低频阻流圈，它应用于低频电路（如电源滤波电路、音频电路等）中，其作用是"通直流，阻低频"，即当有高、低频和直流信号输入时，通过低频扼流圈后只有高频和直流信号输出，如图 2-51 所示。

图 2-50　可调电感实物图　　　　　图 2-51　低频扼流圈实物图

（3）高频扼流圈

高频扼流圈也称高频阻流圈，它应用于高频电路中，多采用空心或铁氧体高频磁芯，骨架采用陶瓷材料或塑料制成，线圈采用蜂房式分段绕制或多层平绕分段绕制。它具有匝数少、感抗小、自感系数小等特点。其作用是"通低频，阻高频"，即当有高、低频和直流信号输入时，通过高频扼流圈后只有低频和直流信号输出，如图 2-52 所示。

图 2-52　高频扼流圈实物图

（4）印刷电感

印刷电感根据形状主要有正方形、六边形、八边形和螺旋形四种，如图 2-53 所示，其中螺旋形印刷电感性能最佳。它们主要应用于射频电路中，用印刷电感代替空心电感。制作印刷电感的设计方法通常有两种，一种是根据传统的近似公式计算后，设计电路板时对号入座，但该方法不仅效率低，而且容易出错；另一种方法是采用软件仿真设计，它具有准确度高、效率高等特点。对于精确度要求不是很高的产品，可以采用国产软件设计，而精确度要求高的则建议采用如 Agilent 公司的仿真设计软件 ADS2008。

正方形　　　　六边形　　　　八边形　　　　螺旋形

图 2-53　印刷电感形状示意图

2.5.5　任务拓展

1．请问标志为 220、101、5R1、7R0 电感的标称电感量分别是多少？

2．请问色环分别是红-黑-棕-金、黄-红-黑-银色环电感的标称电感量和误差分别是多少？

2.5.6　课后习题

1．什么是电感器？其常用单位有哪些？

2．电感器通常可以分为哪几类？各有什么作用？

3．电感器主要参数有哪些？

4．印刷电感形状通常有哪几种？

5．常见的特殊电感有哪些？

第 3 章

焊接基本技术

本章主要包含电烙铁的使用技巧、插针元器件焊接技巧以及贴片元器件焊接技巧三部分实训内容。通过本章的学习，了解焊接的基本知识，认识焊接工具，掌握焊接的基本技术。

📖 单元目标

技能目标

❖ 掌握手工焊接插针和贴片元器件方法。
❖ 掌握焊点质量检查。
❖ 掌握元器件的拆焊方法。

知识目标

❖ 了解手工焊接工具分类、功能及使用方法。
❖ 熟悉焊点质量要求。
❖ 掌握辨识贴片元器件的能力。

3.1 任务 1　电烙铁的使用技巧

3.1.1 任务目标

通过在万能板上手动焊接焊点，从而初步掌握电烙铁焊接的方法及使用技巧。

➢ 了解焊锡、助焊剂及电烙铁的用途。
➢ 熟悉电烙铁的类型。
➢ 如何使用电烙铁在万能板上完成焊点焊接。

3.1.2　所需工具和器材

所需工具和器材如表 3-1 所示。

表 3-1　所需工具和器材

类　别	名　称	数　量
工具	20～35W 电烙铁（含烙铁架）	1
器材	锡丝	若干
	助焊剂（松香）	若干
	万能板	1

3.1.3　任务步骤

1．焊接前准备

（1）观察万能板焊点是否有氧化或脏污。若有，则可用松香涂抹、酒精擦拭等方法处理。

（2）观察烙铁头。若其氧化严重，则可用钢锉等将氧化层磨掉。

（3）备好锡丝和助焊剂，并给清洗海绵加适量水。

（4）烙铁头蘸点松香并放置在烙铁架上，通电进行预热，待烙铁头达到熔锡温度时，用锡丝给烙铁头均匀上锡。

> ❖ 烙铁头上锡处理有利于预防烙铁头的氧化，可延长烙铁头的使用寿命。
> ❖ 烙铁头若有异物或脏污，先将烙铁头上锡，然后在海绵上清洗干净后，再次上锡后放置于烙铁架上等待焊接使用。

2．焊点焊接与检查

（1）将锡丝放在烙铁头上，若锡丝熔化，则可开始在万能板上进行焊点焊接。

（2）左手拿锡丝，右手拿电烙铁，将烙铁头与万能板上待焊的焊点成 45°接触，对焊点进行预热。

（3）将锡丝移入烙铁头与焊点之间，对焊点加锡。

（4）当锡丝熔化将焊点完全覆盖后，沿 45°方向移开锡丝，待 1～2s 后再移开电烙铁。

（5）电烙铁移开后，焊锡冷却覆盖焊点，完成焊点焊接。

（6）检查万能板上完成的焊点应该光滑、焊点焊锡饱满、无尖刺、无脏污等。

（7）若检查焊点良好，无须补焊或返修，则将烙铁头清理干净并上锡后，关闭电烙铁电源。

3.1.4　必备知识

1．万能板

万能板也称点阵板、洞洞板，其上布满了带孔焊盘，焊盘与焊盘的孔距为 2.54mm，可以按自己的意愿插装和焊接电子元器件及连线的印制电路板,如图 3-1 所示。相比专业的 PCB(印制电路板),它具有成本低廉、使用方便、扩展灵活等优点。

图 3-1　万能板实物图

(1)分类

目前市面上主要有两种万能板:单孔板(焊盘各自独立)和连孔板(多个焊盘相连)。其中单孔板又分为单面板和双面板两种。单孔较适合数字电路和单片机电路,连孔板则更适合模拟电路和分立电路。这是因为数字电路和单片机电路以芯片为主,电路较规则;而模拟电路和分立电路往往较不规则,分立元件的引脚常常需要连接多根线。

另外,万能板根据材质不同,有铜板和锡板两种。铜板的焊盘是裸露的铜,呈现金黄色,平时应用报纸包好保存以防止焊盘氧化,若发生氧化,则可用棉棒蘸酒精清洗或用橡皮擦擦拭。锡板则是在焊盘表面镀了一层锡,呈银白色。锡板的基板材质比铜板坚硬,不易变形,价格高于铜板。

(2)使用注意事项

a.初步确定电源、地线的布局。电源贯穿电路始终,合理的电源布局对简化电路起到十分关键的作用。某些板布置有贯穿整块板子的铜箔,应将其用作电源线和地线。

b.善于利用元器件的引脚。万能板的焊接需要大量的跨接、跳线等,不要急于剪断元器件多余的引脚,有时直接跨接到周围待连接的元器件引脚上会事半功倍。另外,本着节约材料的目的,可以把剪断的引脚收集起来作为跳线用。

c.善于设置跳线。多设置跳线,不仅可以简化连线,而且美观。

d.善于利用元器件自身的结构。

2. 焊锡

(1)特点

焊锡是电子产品焊接采用的主要焊料,主要作用是把元器件固定在电路板上。焊锡具有熔点低、流动性好、附着力强、具有一定的机械强度、导电性良好、不易氧化、抗腐蚀性好等特点。

(2)分类

焊锡主要可分为焊锡丝、焊锡条和焊锡膏三大类,如图 3-2 所示。

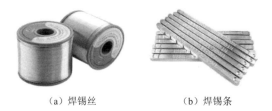

(a)焊锡丝　　　　　　(b)焊锡条　　　　　　(c)焊锡膏

图 3-2　焊锡示意图

a.焊锡丝。焊锡丝(简称锡丝)有不同的直径,常用的直径有 0.5mm、0.8mm、1mm 等,可根据实际使用情况,选择合适直径的焊锡丝。通常使用的焊锡丝是含松香芯的,因此使用时不需要另外再涂抹助焊剂。

b．焊锡条。在不要求高温高压的条件下，焊锡条可用于密封式金属焊接。它根据液相线温度临界点不同可分为高温（>183℃）和低温（<183℃）焊锡条两类。其中高温焊锡条主要用于主机板组装时不产生变化的元器件组装；低温焊锡条则主要用于微电子传感器等耐热性低的零件组装。

c．焊锡膏。它是由合金粉末、糊状焊剂和一些添加剂混合而成的具有一定黏性和良好触变特性的浆料或膏状体，主要用于回流焊。焊锡膏根据熔点不同，可分为低温、中温和高温三类。

3．助焊剂

（1）作用

a．可以清除金属表面的氧化物、硫化物及各种杂质，使被焊物表面保持清洁。

b．具有防止被焊物被氧化的作用。

c．具有增加焊料的流动性、减少表面张力的作用。

d．能够帮助传递热量、润湿焊点，加快预热速度。

（2）分类

助焊剂主要可分为无机系列、有机系列和树脂系列三类，焊接中常采用的助焊剂是松香，如图 3-3 所示。

图 3-3　助焊剂示意图

a．无机系列助焊剂。其助焊作用较强，能溶解于水，但有强烈的腐蚀性，因此多数用在可清洗的金属制品焊接中。

b．有机系列助焊剂。其助焊作用比松香强，但比无机助焊剂要弱，易用极性溶剂（如水）清洗掉。因为有机助焊剂没有松香的黏稠性，所以一般不用在贴片生产的锡膏中（助焊剂的黏稠性有防止贴片元器件移动的作用）。

c．树脂系列助焊剂。属于天然产物，基本无腐蚀性，该类助焊剂的代表是松香。

4．电烙铁

（1）分类

电烙铁是各类电子产品手工焊接、补焊、维修及更换元器件的最常用的工具之一。根据不同的加热方式，电烙铁可以分为直热式、恒温式、吸焊式、感应式、气体燃烧式等。根据被焊接产品的要求，还有防静电电烙铁和自动送锡电烙铁等。为适应不同焊接物面的需要，通常烙铁头有刀头、圆锥头、弯尖头、马蹄头等不同形状，如图 3-4 所示。

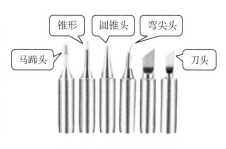

图 3-4　烙铁头示意图

a．直热式电烙铁。它通常有内热式和外热式两种，如图3-5所示。其中内热式是手工焊接中最常用的焊接工具，其热效率高，烙铁头升温比外热式快。相同功率时，其具有温度高、体积小、重量轻、耗电低和热效率高等特点。

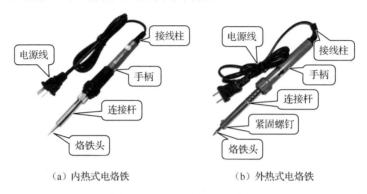

（a）内热式电烙铁　　　　　　（b）外热式电烙铁

图 3-5　直热式电烙铁示意图

b．恒温式电烙铁。其烙铁头温度可控，可以让其始终保持在某一设定的温度。它采用断续加热，具有省电、升温速度快、焊接中焊锡不易氧化、烙铁头寿命长等特点，如图3-6所示。

图 3-6　恒温电烙铁示意图

（2）握法

电烙铁的握法通常有握笔法（适用于小功率电烙铁和热容量小的被焊件）、反握法（适用于较大功率电烙铁）和正握法（适用于中等功率电烙铁或采用弯形烙铁头的操作）三种，如图3-7所示。

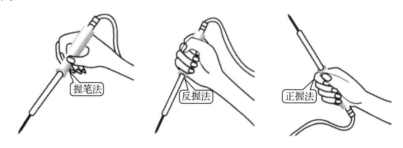

图 3-7　电烙铁握法示意图

（3）使用注意事项

a．新电烙铁使用前要对烙铁头搪锡。搪锡的具体方法是：先用砂布或砂纸、锉刀等去除烙铁头表面的氧化层，再将烙铁加热到刚熔化焊锡时，蘸上助焊剂；然后将锡丝放在烙铁头上均匀上锡，以使烙铁头不易发生氧化。在使用中，应使烙铁头保持清洁。

b．用海绵来收集锡渣和锡珠及氧化物，海绵湿度以用手捏刚好不出水为宜。

c．电烙铁不宜长时间通电而不使用，因为这样容易加速烙铁芯氧化烧断，缩短烙铁寿命；同时，也会导致烙铁头长期加热而氧化，甚至导致不再吃锡。

d．焊接时，电烙铁温度高，注意防止烫伤自己。

e．电烙铁使用完毕，一定要稳妥地放在烙铁架上，并注意不要碰到电烙铁的电源线，以免烫坏电源线，造成漏电、触电等事故。

5．手工焊接

手工焊接通常有五步法和三步法两种。

（1）五步法

第一步：准备。焊接前应先准备好焊接工具和元器件等，进行被焊材料的清洁、整形、插装等处理工作，以及工作台的清理；然后左手拿焊锡，右手握电烙铁，进入待焊状态。

第二步：加热。用电烙铁加热被焊材料，使焊接部位的温度上升至焊接所需温度。

第三步：加焊料。当焊接部位达到一定温度后，在烙铁头与焊接部位结合处及对称的一侧加上适量的焊料。

第四步：移开焊料。当适量的焊料熔化后，应迅速向左上方移开焊料；然后用烙铁头沿着焊接部位将焊料沿焊点拖动或转动一段距离（一般旋转 45°），确保焊料覆盖整个焊点。

第五步：移开电烙铁。当焊点上的焊料充分润湿焊接部位时，立即向右上方 45° 的方向移开电烙铁，焊接结束。五步法示意图如图 3-8 所示。

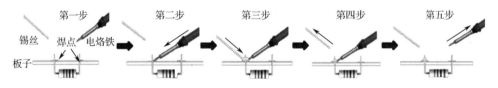

图 3-8　五步法示意图

（2）三步法

当待焊焊点较小时，可采用三步法完成焊接，如图 3-9 所示。第一步同五步法；第二步则是加热被焊焊点和加焊料同时进行，即五步法的第二、三步同时进行；第三步则是同时移开焊料和电烙铁，即五步法的第四、五步同时进行。

图 3-9　三步法示意图

❖ 手工焊接操作过程，一般要求在 2～3s 内完成，具体焊接时间还要视环境温度、电烙铁功率大小以及焊点的热容量来确定。

❖ 待焊元器件若引脚弯曲，可用尖嘴钳将元器件的引脚沿原始角度拉直。

❖ 加热时，烙铁头不要向待焊元器件施加压力或随意挪动。

❖ 送锡量要适中，不要将焊锡丝送到烙铁头上。

（3）注意事项

a．焊接前，应观察各焊点是否光洁、氧化等，若有脏污，则应清理脏污；若被氧化，则应适当使用助焊剂以增加焊接强度。

b．焊接过程中，烙铁头上有多余的焊锡时，请用海绵清洗，切勿甩动或敲击电烙铁，以免焊锡飞溅烫伤自己或他人以及损坏电烙铁。

c．焊接时，注意温度要适中，焊接时间不宜过长，以免损坏元器件或焊盘。

d．电烙铁工作时，温度高，小心烫伤自己及烫坏电源线等。

e．完成焊接后，要注意检查焊点是否符合焊接要求。

f．电烙铁每次工作后，均需给烙铁头上锡，以保护烙铁头。

g．电烙铁断电后，须待其完全冷却后，方能触碰或整理电烙铁。

3.1.5 课后习题

1．什么是万能板？其通常可分为哪两类？

2．焊锡有哪些特点？其通常可分为哪三类？

3．助焊剂对焊接有什么作用？常用的助焊剂有几种？各有什么特点？

4．电烙铁在使用时，需要注意哪些事项？

5．简述手工焊接的五步法和三步法。

3.2 任务 2　插针元器件焊接技巧

3.2.1 任务目标

通过本任务，掌握插针元器件焊接技巧、焊点质量检查以及元器件的拆焊。

➤ 学会在焊接前，如何处理元器件。

➤ 学会元器件的引脚整形方法、手工插装插针元器件。

➤ 掌握插针元器件的焊接技巧以及拆焊方法。

➤ 掌握焊点检查及其质量要求。

3.2.2 所需工具和器材

所需工具和器材如表 3-2 所示。

表 3-2　所需工具和器材

类　　别	名　　称	数　　量
工具	20～35W 电烙铁（含烙铁架）	1
	镊子	1

续表

类　　别	名　　称	数　量
工具	斜口钳	1
	尖嘴钳	1
	吸锡器	1
器材	锡丝	若干
	助焊剂（松香）	若干
	万能板	1
	色环电阻	5
	瓷片电容	5
	电解电容	5
	色环电感	5

3.2.3　任务步骤

插针器件焊接

1. 焊接前准备

（1）检查待焊元器件的引脚和万能板的焊点是否有氧化或者脏污，若有，则应先对其做清洁和去氧化处理（可使用无水酒精擦拭）。

（2）如图 3-10 所示，对待焊元器件的引脚进行整形处理。

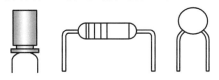

图 3-10　整形示意图

> ❖ 待焊元器件若引脚弯曲，则可用尖嘴钳将元器件的引脚沿原始角度拉直。
>
> ❖ 元器件整形时，注意不要损坏元器件的本体、折断引脚等。

2. 插针元器件焊接与检查

（1）插装元器件。如图 3-11 所示，将整形处理后的元器件插装到万能板上。

（2）手工焊接。根据手工焊接五步法，用电烙铁焊接电阻等元器件的引脚。

（3）剪脚。完成焊接后，用斜口钳剪掉多余引脚，如图 3-12 所示。

图 3-11　元器件的插装

图 3-12　焊接焊点示意图

（4）焊点检查。认真检查焊点是否符合要求，焊点周围是否有锡珠、锡渣等。

💡 ❖ 焊接过程中，烙铁头上有多余的焊锡时，请在湿润的海绵上进行清洗，切勿甩动或敲击电烙铁，以免焊锡飞溅烫伤自己或他人甚至损坏电烙铁。

❖ 电烙铁工作时，温度高，小心烫伤自己或烫坏元器件。

❖ 电烙铁工作时或刚断电时，要将其放置于烙铁架上，以免烫伤他人或烫坏其他物品。

❖ 注意元器件引脚剪脚的长度，不能过长或过短，一般引脚长度在 2mm 左右。

❖ 插针元器件焊接时，建议先焊接其中一个引脚固定元器件，然后确认元器件规格、位置等无误，元器件不歪斜等后，再焊接其余引脚。

3．插针元器件的拆焊

手工拆焊器件

在上述焊接好的元器件中，各任选一个元器件进行拆焊，步骤如下。

（1）如图 3-13 所示，将电路板倾斜放置，确认电路板放置妥当后，使用电烙铁对待拆焊元器件任意一个引脚的焊点进行加热，使焊点熔化。

（2）当确认焊点熔化后，使用镊子夹住该元器件的引脚，稍用力将其从焊盘孔中拔出。

（3）重复上述步骤，将元器件另一引脚拔出，完成元器件的拆焊。

（4）使用吸锡器，将拆下元器件后的焊盘残留的焊锡吸除。

（5）完成任务后，将烙铁头清理干净并上锡后，关闭电烙铁电源。

图 3-13　焊点加热示意图

💡 ❖ 拆焊元器件时，电烙铁不宜对焊盘和元器件加热过长时间，以免损坏元器件和焊盘。

❖ 该拆焊方法适用于拆焊引脚少的元器件（如贴片电阻、电容、电感等）。

❖ 要注意清理吸锡器的锡渣，以保证吸锡器的正常使用。

3.2.4　必备知识

1．插针元器件的整形与插装

（1）整形。焊接前，使用镊子或小螺丝刀对元器件（电阻、电容、二极管、三极管等）引脚进行整形。注意元器件引脚不平整时，可使用尖嘴钳进行整平。

（2）插装。元器件的插装方式有俯卧式和直立式两种，如图 3-14 所示。插针元器件在插装时，要注意以下几点。

a．注意不要错装、漏装元器件。

b．注意元器件插装的整齐、美观性。

c．极性元器件（如电解电容、二极管等）在插装时，要注意区分极性，以免影响功能或损坏元器件。

d．有标志的元器件，尽量让标志朝上或朝外，以利于辨识及后续调试、维修等。

e. 实际应用中，要注意元器件插装的高度，以避免高度过高影响产品组装。

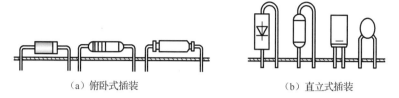

（a）俯卧式插装　　　　　　　（b）直立式插装

图 3-14　插针元器件插装示意图

2．焊点的检查

完成电路板焊接后，要对焊点进行检查，以判断焊接效果是否符合质量要求。

（1）焊点的基本要求

a. 焊点要有足够的机械强度，保证元器件在受到振动或冲击时不会脱落、松动等。

b. 良好的焊点表面要光滑、圆润、干净无毛刺，且大小要适中，无漏焊、虚焊、连焊、少锡等，具有良好的导电性，如图 3-15 所示。

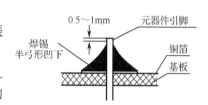

图 3-15　良好的焊点

（2）常见的焊点缺陷及原因

常见的焊点缺陷及原因如表 3-3 所示。

表 3-3　常见的焊点缺陷及原因

焊点缺陷	焊料过少	焊料过多	桥接	虚焊	冷焊
产生原因	焊料过早撤离	焊料过迟撤离	焊料过多,电烙铁撤离方向不当	焊件表面不清洁;焊剂不良或质量差;加热不足	电烙铁温度不足或功率不足;焊料未凝固前焊件抖动
焊点缺陷	焊料堆积	过热	剥离	松香焊	铜箔翘起
产生原因	焊料质量不好;焊接温度不够;焊料未凝固前,焊件引脚松动	电烙铁功率过大,加热时间过长	焊盘镀层不良	助焊剂过多或失效;焊接时间不足;加热不足;表面氧化膜未去除	焊接时间过长;温度过高
焊点缺陷	尖刺/拉尖	不对称	针孔	气泡	松动
产生原因	电烙铁撤离方向不对;温度过高	焊料流动性不好;助焊剂不足或质量差;加热不足	引脚与插孔间的间隙过大	引脚与孔间隙过大或引脚浸润性不良	焊料未凝固前引脚移动造成空隙;引脚浸润差或不浸润

3．插针元器件拆焊

（1）拆焊工具

a．吸锡器（无发热器件）。如图 3-16 所示，其主要用于在取下元器件后，通过电烙铁熔锡后，配合吸去焊盘上多余的焊锡。

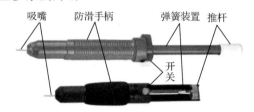

图 3-16　吸锡器实物图

b．吸锡电烙铁。如图 3-17 所示，它是将电烙铁和活塞式吸锡器融为一体的拆焊工具。

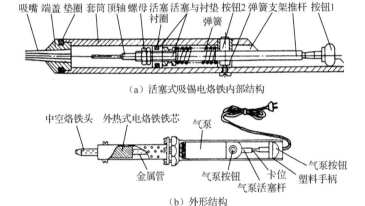

（a）活塞式吸锡电烙铁内部结构

（b）外形结构

图 3-17　吸锡电烙铁结构示意图

（2）拆焊方法

常用的拆焊方法有电烙铁拆焊、吸锡电烙铁拆焊、热风枪拆焊、专业工具拆焊等，本任务只介绍前两者。

a．电烙铁拆焊。将电路板按合适角度放置好，先用电烙铁将待拆焊元器件焊点焊锡完全熔化，同时用镊子将其引脚轻轻拔出；然后再用电烙铁将拆下元器件的安装焊点熔锡，并用吸锡器将多余的焊锡清除。此方法适合拆焊引脚少的元器件，如电阻、电容、二极管等。

b．吸锡电烙铁拆焊。电源接通 3～5s 后，先把活塞按下并卡住；然后将吸嘴对准待拆焊元器件焊点加热，待焊锡熔化后按下按钮，活塞向上，焊锡被吸入吸管，并用镊子轻轻拔出元器件引脚；最后用力推动活塞 3、4 次，清除吸管内残留的焊锡，以便下次使用。此方法较适合拆焊引脚多的元器件，如集成电路等。

4．插针元器件自动化焊接

自动化焊接使用机械设备进行焊接操作，是电子产品生产线上最主要的元器件焊接手段，具有误差小、效率高等特点。

　　自动化焊接根据其采用的机械设备来分，主要有浸焊、波峰焊、回流焊、电子束焊接和超声焊接等。本任务主要介绍浸焊和波峰焊。

（1）浸焊

　　浸焊是将插装好元器件的印制电路板浸入熔化状态的锡槽内浸锡，并一次完成印制电路板众多焊点的焊接方法。这种方法焊接效率高，并可有效消除漏焊现象。自动浸焊是机器操作、流水线作业。浸焊机示意图如图 3-18 所示。浸焊效率比手工焊接高，设备简单，但锡槽内的液态焊锡表面的氧化物容易粘在焊接点上，且工作室温度过高，易烫坏电路板或元器件，影响焊接效果，主要用在产品的小批量生产中。浸焊的基本步骤如下。

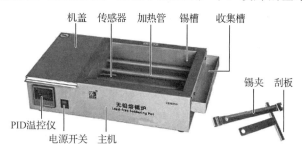

图 3-18　浸焊机示意图

　　a．如图 3-19 所示，将插装好元器件的电路板背部及其引脚浸润松香等助焊剂，使焊盘上涂满助焊剂。而不需焊接的部位适当地涂抹阻焊剂，以避免各种搭焊现象，且节约焊锡及增加电路板的美观性。

　　b．如图 3-20 所示，助焊剂固化后，将待焊接的电路板水平地浸入锡槽中，浸入的深度以电路板厚度的 50%～70%为宜。焊接表面与电路板的焊盘要完全接触，浸焊的时间以3～5s 为宜。

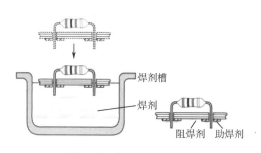

图 3-19　涂助焊剂示意图

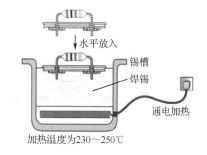

图 3-20　浸焊示意图

　　c．如图 3-21 所示，将电路板沿垂直向上方向撤离锡槽液面，以避免焊点发生变形。

　　d．浸焊完成，根据焊点质量要求，进行焊接焊点检查。

（2）波峰焊

　　波峰焊是指将熔化的液态焊料，经电动泵或电磁泵喷流成设计要求的焊料波峰，也可通过向焊料池注入氮气来形成，使预先装有元器件的电路板通过焊料波峰，实现元器件焊点或引脚与电路板焊盘之间机械与电气连接的软钎焊。波峰焊是电子行业较为普遍的一种自动焊接技术，适用于插针电路板和点胶板。

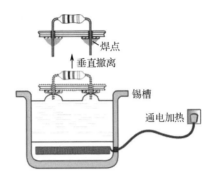

图 3-21　电路板撤离锡槽示意图

a．结构。波峰焊机主要由传送装置、预热器、锡波喷嘴、锡缸、泵、助焊剂发泡或喷雾装置、冷却风扇（高温马达+风轮）等组成，分为传送系统、助焊剂涂覆系统、预热系统、焊接系统和冷却系统，如图 3-22 所示。

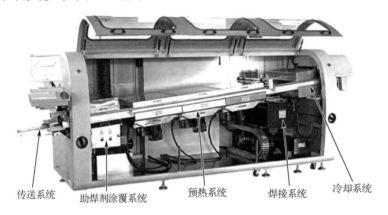

图 3-22　波峰焊机结构示意图

b．工作原理。波峰焊借助泵压作用，使熔融的液态焊料表面形成特定形状的焊料波，当插装了元器件的电路板由传送机构以一定速度和角度通过焊料波时，在引脚焊区形成焊点。波峰焊根据焊料波的形状可分为单波峰焊、双波峰焊、多波峰焊、宽波峰焊等。

c．优点：

➢ 操作简便，节省能源，降低工人劳动强度。

➢ 提高生产效率，降低成本。

➢ 提高焊点质量和可靠性，消除了人为因素对产品质量的影响。

➢ 焊接质量可靠、一致性好；焊点外观光亮、饱满。

d．波峰焊流程。波峰焊流程示意图如图 3-23 所示。

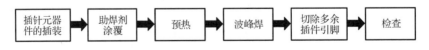

图 3-23　波峰焊流程示意图

3.2.5　任务拓展

在万能板上，用色环电阻进行串联和并联焊接，并用万用表测试不同数量电阻串、并联后的阻值，有什么规律。

3.2.6　课后习题

1．元器件引脚整形的目的是什么？应注意什么？
2．对手工焊接的焊点有哪些要求？
3．常见的焊点缺陷有哪些？
4．当焊接时间过长或不足时，对焊接质量有什么影响？
5．对焊点拆焊时，应注意什么问题？
6．自动化焊接主要有哪些？

3.3　任务 3　贴片元器件焊接技巧

3.3.1　任务目标

通过本任务，了解表面安装技术的生产设备、流程，掌握贴片元器件的焊接、拆焊以及质量检查。

➢ 学会辨识贴片元器件。
➢ 了解表面安装技术的主要设备、生产流程等。
➢ 掌握贴片元器件焊接和拆焊步骤、方法。
➢ 掌握焊点检查及质量要求。

3.3.2　所需工具和器材

所需工具和器材如表 3-4 所示。

表 3-4　所需工具和器材

类　别	名　　称	数　量
工具	20～35W 电烙铁（含烙铁架）	1
	镊子	1
	吸锡器	1
器材	锡丝	若干
	助焊剂（松香）	若干
	万能板	1
	贴片电阻（1206）	5
	贴片电容	5
	贴片电解电容	2
	贴片二极管	5

贴片器件焊接

3.3.3 任务步骤

1．焊接前准备

同插针元器件焊接一样，贴片元器件焊接前，也要对元器件、电烙铁进行去氧化处理。

2．贴片元器件焊接与检查

（1）先在万能板上选择合适焊盘放置贴片电阻，然后将其中一个焊盘上锡，并在焊锡熔化状态下，用镊子夹住一个贴片电阻放在该焊盘上，待焊锡在电阻引脚分布均匀后移开电烙铁，如图 3-24 所示。

（2）用电烙铁将电阻另一个引脚焊接在万能板的另一个焊盘上，移开锡丝和电烙铁完成贴片电阻焊接。

（3）重复上述步骤，分别完成剩余贴片元器件的焊接，如图 3-25 所示。

（4）焊点检查。认真检查焊点是否符合要求。

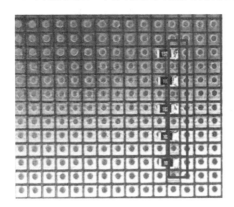

图 3-24　贴片电阻焊接

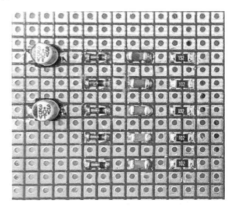

图 3-25　贴片元器件焊接

> ❖ 在实际电路中，极性元器件（如二极管、电解电容等）焊接时要注意极性方向。
> ❖ 贴片元器件焊接时，注意元器件要平贴在电路板上。
> ❖ 可手工焊接贴片元器件，也可选择使用热风枪，其方法是先手动在焊盘上点适量锡膏，然后用镊子将元器件贴装到焊盘上，最后用热风枪加热焊点使锡膏熔化，完成焊接。热风枪的具体使用方法请参考 3.3.4 节。

3．贴片元器件的拆焊

手工拆焊器件

在上述焊接好的贴片电阻和电容中，各任选 1 个进行拆焊，步骤如下。

（1）先用镊子夹住待拆焊的贴片电阻，然后使用电烙铁快速加热待拆焊的贴片电阻两引脚焊点，确保焊点焊锡均熔化后，取下贴片电阻。

（2）用电烙铁和吸锡器配合吸取焊盘上多余的焊锡，整平焊盘。

（3）重复上述步骤，拆下其他待拆焊元器件。

（4）完成任务后，将烙铁头清理干净并上锡后，关闭电烙铁电源。

❖ 除使用上述方法拆焊贴片元器件外，还可以使用电烙铁和吸锡器配合拆焊或者使用热风焊机进行拆焊。

❖ 在拆焊时，应尽量避免接触其他元器件。

3.3.4　必备知识

1．贴片元器件

常用的贴片元器件有贴片电阻、电容、电感、二极管、三极管、集成电路（IC）等，如图 3-26 所示。贴片元器件的类别很多，常见的有 SMC、SMD、机电元件、接插件等四类，如表 3-5 所示。

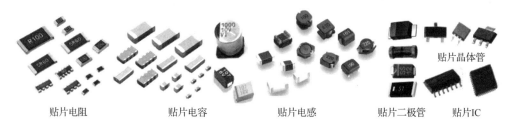

贴片电阻　　　　　贴片电容　　　　　贴片电感　　　贴片二极管　　贴片IC

贴片晶体管

图 3-26　常见贴片元器件示意图

表 3-5　贴片元器件的分类

SMC	电阻器	厚膜电阻器、电位器、排阻、敏感电阻器等
	电容器	陶瓷电容器、电解电容器、钽电容器、薄膜电容器等
	电感器	微型变压器、绕线电感器、磁珠等
SMD	分立元件	二极管、三极管、场效应管等
	集成电路	各种模拟、数字集成电路
机电元件	开关件	按键开关、微动开关、光电开关等
	继电器	温度继电器、电磁继电器等
	微型电动机	各种直流微型电动机
接插件	跨接线	各类跨接线、连接线等
	连接器	各类小型插头插座、排插、USB 口等

2．表面安装技术

（1）概念

表面安装技术（Surface Mounting Technology，SMT）是目前电子组装行业里最流行的一种技术和工艺。SMT 是将贴片元器件贴装到指定的涂覆了锡膏或黏合剂的印制电路板（PCB）焊盘上，然后经过回流焊接或波峰焊接方式使贴片元器件与 PCB 焊盘之间建立可靠的机械和电气连接的技术。

（2）特点

SMT 贴片加工具有组装密度高、电子产品体积小、重量轻、可靠性高、抗震能力强、焊点缺陷率低、高频特性好、电磁和射频干扰少、易于实现自动化、效率高、节省人工和材料等优点。其缺点是厂家初始投资大、生产设备机构复杂、费用高、维修困难等。

（3）生产流程

SMT 生产流程包括丝印（或点胶）、贴装（固化）、回流焊接、清洗、检测和返修。典型的 SMT 生产线示意图如图 3-27 所示。

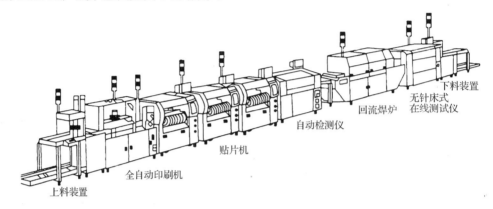

图 3-27　典型 SMT 生产线示意图

　　a．丝印。丝印是将锡膏或贴片胶通过钢网印刷到 PCB 的焊盘上。所用设备是丝印机，位于 SMT 生产线的最前端。

　　b．点胶。点胶是将胶水点在 PCB 的固定位置上，作用是将元器件固定在 PCB 上。所用设备是点胶机，位于 SMT 生产线最前端或检测设备的后面。

　　c．贴装。贴装是将贴片元器件准确安装到 PCB 相应元器件位置。所用设备为贴片机，位于 SMT 生产线中印刷机的后面。

　　d．固化。固化是将贴片胶熔化，从而使贴片元器件与 PCB 牢固黏结在一起。所用设备为固化炉，位于 SMT 生产线中贴片机的后面。

　　e．回流焊接。回流焊接是将锡膏熔化，使贴片元器件与 PCB 牢固黏结在一起。所用设备为回流焊炉，位于 SMT 生产线中贴片机的后面。

　　f．清洗。清洗是将组装到 PCB 上的对人体有害的焊接残留物如钎剂等除去。所用设备是清洗机，位置不固定，可在生产线上，也可不在生产线上。

　　g．检测。检测是对组装好的 PCB 进行焊接质量和装配质量的检测。所用设备有放大镜、显微镜、在线测试仪（ICT）、飞针测试仪、自动光学检测（AOI）、X-RAY 检测系统、功能检测仪等。位置可根据检测需要，配置在生产线合适的位置。

　　h．返修。返修是对检测出现故障的 PCB 进行返工。所用工具为电烙铁、返修工作站等。配置在生产线的任意位置。

（4）主要设备

　　a．锡膏印刷机。如图 3-28 所示，其作用是将锡膏通过钢网印刷到 PCB 的焊盘上。它主要有全自动印刷机、半自动印刷机、手动印刷机等，与它们相对应的锡膏印刷方法如表 3-6 所示。

（a）全自动印刷机

（b）半自动印刷机

（c）手动印刷机

图 3-28　锡膏印刷机实物图

表 3-6　锡膏印刷方法

施加方法	适用情况	优　点	缺　点
机器印刷	大批量生产；供货周期紧；经费足够	大批量生产，生产效率高	使用工序复杂，投资较大
手动印刷	中、小批量生产；产品研发	操作简便，成本较低	需人工手动定位，无法进行大批量生产
手动点锡	样品制作；修补焊盘焊膏；返工或维修	无须辅助设备即可研发生产	不适用于焊盘间距太小的组件

　　b．贴片机。如图 3-29 所示，它是通过移动贴装头，将贴片元器件准确地安装到印刷好锡膏的 PCB 相应元器件焊盘位置。贴片机种类很多，根据贴片速度可分为中速、高速和超高速贴片机。市面上贴片机品牌主要有西门子、松下、富士、三星、汉城通 HCT 等。

　　c．回流焊炉。其作用是回流焊接，即通过加热贴好贴片元器件的电路板，使其锡膏熔化，从而让贴片元器件与 PCB 牢固黏结在一起。它主要由加热器部分、传送部分和温控部分等组成，其实物图及工作示意图如图 3-30 所示。

图 3-29　贴片机示意图

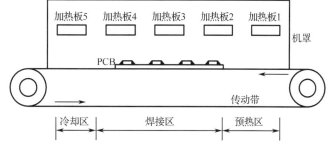

图 3-30　回流焊炉实物图及工作示意图

回流焊根据加热方式不同，可分为红外回流焊、热风回流焊、强制热风回流焊三类，它们的优缺点分别如表 3-7 所示。

表 3-7 回流焊分类及优缺点

机器种类	加热方式	优　　点	缺　　点
红外回流焊	辐射传导	热效率高；温度可调范围宽；减少焊料飞溅；减少回流焊虚焊和连焊的产生；温度曲线易控制，双面焊时 PCB 上下温度易控制	存在阴影效应、温度不均匀现象，容易造成组件或 PCB 局部烧坏
热风回流焊	对流传导	加热均匀；温度易控制	容易使元器件氧化；强风使元器件有移位的风险
强制热风回流焊	红外热风混合加热	结合红外和热风炉的优点，在产品焊接时，可得到优良的焊接效果	

3. 贴片元器件焊接质量检验

（1）焊点的质量检查

对焊点的质量要求，主要包括电气接触良好、机械接触牢固和外表美观三个方面。这就要求焊点不能出现漏焊、虚焊、多锡、拉尖、桥接等。

（2）焊接检验标准

贴片元器件焊接检验标准如表 3-8 所示。

表 3-8 贴片元器件焊接检验标准

检查项目	图片示例	标　　准
翘起		元器件一端有翘起现象，但要求翘起高度≤0.4mm
立碑		不允许
锡珠		焊点周围及 PCB 上不允许存在锡球或其他焊锡残渣
短路/桥接		若短路/桥接处线路是相连的，则允许；否则，不允许
虚焊		不允许
漏焊		不允许
多锡		焊点焊锡要求不高出元器件焊端
包焊		焊锡量超出焊盘范围，且高出元器件焊端，故不允许包焊
拉尖		不允许

检 查 项 目	图 片 示 例	标　　准
少锡	H h	要求焊锡高度 h 不小于 $\frac{1}{3}H$（H 为元器件高度）
偏移	焊盘　$\frac{1}{2}W$　W　引脚　焊盘	元器件偏移要求小于 $\frac{1}{2}W$（W 为元器件引脚的宽度）
极性反	黑线是负极　D1	极性元器件贴装时，不允许极性接错

4．热风焊机

热风焊机是专门用来拆焊、焊接贴片元器件的焊接工具，主要包括主机和热风枪两部分，如图 3-31 所示，使用方法如下。

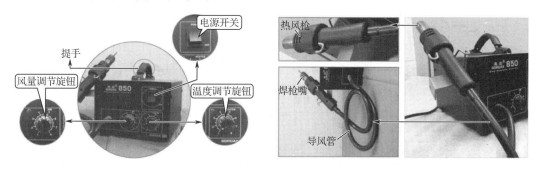

图 3-31　热风焊机示意图

（1）装配焊枪嘴

在热风焊机使用前，先根据贴片元器件的封装方式和大小，选择合适的焊枪嘴进行装配。例如，普通贴片元器件可使用圆口焊枪嘴，贴片式集成电路则可选择方口焊枪嘴。焊枪嘴示意图如图 3-32 所示。

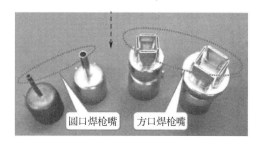

图 3-32　焊枪嘴示意图

（2）通电开机

焊枪嘴装配好后，先给热风机通电，然后打开热风机电源开关。注意确保焊枪嘴周围无可燃物或不耐高温物体，也不可对着人体。

（3）调整温度和风量

按实际焊接需求，调整面板上的温度调节旋钮和风量调节旋钮。通常将温度调节旋钮调至 5～6 挡，风量调至 1～2 挡或 4～5 挡（总共 8 挡）。注意切勿用手靠近焊枪嘴去试温度高低，以免烫伤。

（4）拆焊

调整好温度和风量后，等待几秒钟，待热风枪预热完成后，将焊枪口垂直悬空在元器件引脚上，并来回移动均匀加热，直至引脚焊锡熔化。

（5）关机

热风焊机使用完毕后，先将焊枪放回支架上，然后关闭电源。注意：必须待热风枪彻底冷却后，方可触碰或更换焊枪嘴。

5．拆焊方法

贴片元器件的拆焊除了 3.3.3 节中介绍的拆焊方法，还可以通过如下方法进行拆焊。

（1）电烙铁和吸锡器拆焊法

首先将吸锡器推杆按下使其弹簧压紧，然后用电烙铁加热待拆焊元器件的焊点，使其焊锡完全熔化后按下吸锡器开关吸锡，最后待元器件所有焊点均完成吸锡后，用镊子取下元器件。这里的电烙铁和吸锡器也可以用吸锡电烙铁代替。

（2）热风枪拆焊法

首先根据元器件的类型来选择合适的焊枪嘴并换上，开机并且调整合适温度和风速，待热风枪预热后，用热风枪均匀加热待拆焊元器件焊点直至完全熔化，然后用镊子将元器件取下，完成元器件拆焊。

> ❖ 热风枪焊接或拆焊时，焊枪嘴与焊点间应有一定距离，通常为 1～2mm，切勿贴在元器件引脚上。
>
> ❖ 对同一焊点建议使用热风枪不要超过 3 次，一次持续不要超过 20s。
>
> ❖ 热风枪的温度不能过高或过低。因为过高可能会损坏元器件或电路板，过低则可能会因为加热时间的延长而损坏元器件。
>
> ❖ 热风枪风量不能过小或过大。因为过小则使加热时间延长，过大则可能影响周围元器件，更有可能将元器件吹跑。
>
> ❖ 无论采用哪种拆焊方法，都要确保焊点焊锡完全熔化，以避免因外力导致焊盘脱落或元器件损坏。

3.3.5 任务拓展

1．利用上述拆焊方法将剩余焊好的元器件一一拆下。

2．将拆下的电阻、电容分别进行串联焊接，并用万用表分别测量串联后的总阻值、总容值。

3.3.6 课后习题

1．常见贴片元器件有哪些？

2. 贴片元器件焊接的特点是什么？

3. 贴片元器件焊接生产流程主要步骤有哪些？

4. 回流焊根据加热方式可分为哪三类？各有什么优缺点？

5. 贴片元器件焊接常见的缺陷有哪些？

6. 贴片元器件拆焊方法主要有哪些？拆焊过程中需要注意什么？

第4章

晶体二极管与三极管的测试

本章主要通过晶体二极管与晶体三极管的检测训练，认识晶体二极管和晶体三极管，并掌握它们的检测方法。

📖 单元目标

技能目标

❖ 能识别晶体二极管、晶体三极管的类型。
❖ 掌握晶体二极管、晶体三极管的检测方法。
❖ 初步了解晶体三极管偏置电路的应用。

知识目标

❖ 了解晶体二极管、晶体三极管的工作原理与作用。
❖ 认识晶体二极管、晶体三极管的分类、标识等。

4.1 任务1 晶体二极管的辨识与应用

4.1.1 任务目标

通过本任务，认识晶体二极管，掌握晶体二极管的检测方法。

➢ 了解晶体二极管的分类。
➢ 了解晶体二极管的图形符号、功能及应用。
➢ 掌握晶体二极管的单向导电性、主要参数及伏安特性。
➢ 掌握用万用表检测晶体二极管极性和性能的方法。

4.1.2　所需工具和器材

所需工具和器材如表 4-1 所示。

表 4-1　所需工具和器材

类　别	名　称	规　格	数　量
工具	万用表	指针/数字	1
器材	普通二极管	1N4007	2
	稳压二极管		2
	发光二极管（LED）		2

4.1.3　任务步骤

二极管检测

1．晶体二极管的辨识

通过观察普通二极管、稳压二极管及发光二极管外观，依次识别出它们的正、负极性并记录到表 4-2 中。

表 4-2　二极管极性辨识

检 测 项 目	类　型		
	普通二极管	稳压二极管	发光二极管
极性辨识（画外形图并标注）			

> ❖ 通常，晶体二极管外壳上一般印有标记以便区别极性。二极管一般以白环或黑环来表示负极，具体依实物和元器件相关资料规定为准。
>
> ❖ 发光二极管一般是以长引脚为正极、短引脚为负极来区别的。

2．晶体二极管的检测

（1）万用表量程选择

将万用表挡位旋钮拨至×1kΩ挡，并将红、黑表笔短接，进行万用表校零操作。

> ❖ 指针万用表每次选择不同的量程后，测量前都要进行校零操作。若使用数字万用表，则可省去该项操作。
>
> ❖ 红、黑表笔插入万用表插孔时，注意不要接反。

（2）晶体二极管的检测

万用表红、黑表笔分别搭接在普通二极管两端，如图 4-1（a）所示，将万用表的读数记录在表 4-3 中；然后调换红、黑表笔，再次搭接在二极管两端，如图 4-1（b）所示，将万用表的读数记录在表 4-3 中。依照此方法，分别测出稳压二极管和发光二极管的两次电阻值，并记录在表 4-3 中。

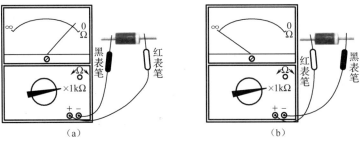

图 4-1　二极管的检测示意图

（3）晶体二极管极性和好坏判定

根据表 4-3 记录的数据，判断出晶体二极管的极性，以及二极管的好坏，并记录在表 4-3 中。

表 4-3　二极管检测结果记录

类　型	检 测 项 目			
	第一次读数	第二次读数	极性判断（画外形图并标注）	好坏判定
普通二极管				
稳压二极管				
发光二极管				

❖ 测得电阻值较小的那次，黑表笔接的是二极管正极，红表笔接的则为负极，该值为二极管的正向电阻（一般在几千欧以下），而电阻值较大的则为反向电阻（一般在几百千欧甚至无穷大）。测得一大一小两个阻值同时也说明二极管质量良好。

❖ 若正、反向电阻值都很小，甚至为 0，则说明二极管内部已经短路；若正、反向电阻值都很大，则说明二极管内部已经断路；若正、反向电阻值很接近，则说明二极管质量太差，不宜使用。

（4）验证辨识的二极管极性

对比表 4-2 和表 4-3 的极性结果，验证通过外观辨识的二极管极性结果是否正确。

4.1.4　必备知识

1. 晶体二极管

晶体二极管也称半导体二极管，简称二极管，是一种用半导体材料（硅、锗等）制成的、具有单向导电性的半导体元件。其种类很多，按半导体材料主要可分为硅二极管和锗二极管。按功能来分，常见的有整流二极管、稳压二极管、检波二极管、发光二极管、光敏二极管、快恢复二极管等，如图 4-2 所示。

（1）结构及图形符号

二极管结构示意图如图 4-3（a）所示。它的内部是在一个 P 型半导体和 N 型半导体的交界面形成一个具有特殊电性能的 PN 结。从 P 型区引出的电极为正极或阳极，从 N 型区引出的电极则为负极或阴极。在电路中，通常用 D 或 VD 符号表示二极管，二极管图形符号如图 4-3（b）所示。

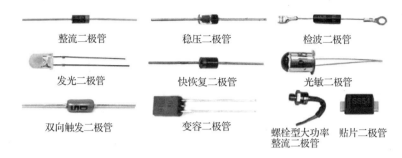

图 4-2　二极管实物图

图 4-3　二极管结构及图形符号

❖ 半导体是导电能力介于导体和绝缘体之间的物质。

❖ P 型半导体是在纯净半导体硅或锗中掺入硼、铝等三价元素形成的。其特点是空穴数量多，自由电子数量少，主要由带正电荷的空穴参与导电，因此也称空穴半导体。

❖ N 型半导体是在纯净半导体硅或锗中掺入微量磷、砷等五价元素形成的。其特点是自由电子数量多，空穴数量少，主要由带负电荷的自由电子参与导电，因此也称电子半导体。

❖ 硅、锗均为四价元素，具有晶体结构，所以半导体又称晶体。

（2）基本特性

a. 单向导电性。二极管是有正、负极之分的元件，通常情况下，只允许电流从正极流向负极，而不允许电流从负极流向正极。根据这一特性，把二极管想象成开关。如图 4-4（a）所示，电流从二极管正极流向负极，二极管正向导通，即相当于开关闭合，此时灯泡通电点亮；如图 4-4（b）所示，二极管反接，即电流从负极流向正极，二极管反向截止，即相当于开关断开，此时回路断开，灯泡不亮。

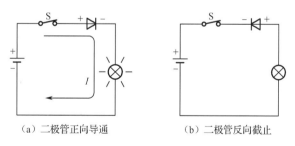

图 4-4　二极管单向导电性示意电路

b. 伏安特性。流过二极管的电流与其两端的电压之间的关系称为二极管的伏安特性，二者的关系曲线称为伏安特性曲线，如图 4-5（a）所示。其中，第一象限曲线表示正向特性［加正向电压，见图 4-5（b）］，由曲线可看出，当正向电压 U 小于 U_A 时，流过二极管的电流很小，可认为二极管未导通；当 U 大于 U_A 时，流过二极管的电流急剧增大，此时二极管导通。通常将 U_A 称为正向导通电压或阈值电压，不同材料的二极管，其阈值电压不同，一般硅二极管为 0.5～0.7V，锗二极管为 0.2～0.3V。而第三象限曲线表示反向特性［加反向电压，见图 4-5（c）］，由曲线可看出，当二极管施加的反向电压达到反向电压 U_B 时，此时反向电流急剧增大，二极管反向击穿导通。

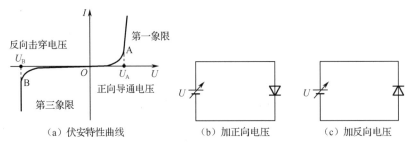

图 4-5　二极管伏安特性曲线

（3）主要参数

在实际应用中，可通过二极管产品规格书或使用手册等相关资料来获知它的相关参数。在选用元器件和设计电路时，主要考虑如下参数。

a．最大整流电流 I_{FM}，又称额定工作电流，是二极管长期工作时，允许通过的最大正向平均电流。实际电路中，流过二极管的电流不能超过 I_{FM}，否则可能导致二极管因过热而损坏。二极管的最大整流电流与 PN 结、散热条件有关。

b．最大反向工作电压 U_{RM}，指二极管正常工作时能承受的最高反向电压，一般为反向击穿电压的 1/3～1/2。在高压电路中，需要选用 U_{RM} 大的二极管，否则容易被击穿。

c．最大反向电流 I_R，又称反向饱和电流，指二极管两端施加最大反向工作电压时流过的反向电流。该值越小，说明二极管的单向导电性越好。

d．最高工作频率 f_M，指正常工作条件下的最高频率。施加给二极管的信号频率不能高于该频率，否则将导致二极管不能正常工作。该值通常与二极管的 PN 结面积有关，PN 结面积越大，f_M 越低。

（4）选用

a．检波二极管。其特点是工作频率高、正向电压小，但最大正向电流较小、内阻较大，主要在小信号高频电路中作检波、变频用，也可用于信号整流或限幅等。

b．整流二极管。其特点是最大正向电流较大、可承受较高的反向电压，但工作频率较低，主要用于电源整流，也可用于限幅、钳位和保护电路。

c．开关二极管。其特点是正向电阻小、反向电阻大、反向恢复时间很小、开关速度快，可近似为一个理想的电子开关，主要用于开关电路、脉冲电路、高频高速电路和逻辑控制电路等。

d．变容二极管。其特点是 PN 结的结电容可以在外加反向电压的控制下改变，主要用于电视机高频头、收音机调谐器以及通信设备的电调谐电路，起到类似可变电容器的作用。

2．稳压二极管

稳压二极管又称齐纳二极管，是晶体二极管的一种。它具有稳压的功能，常用于恒压源、辅助电源和基准电源中。与一般二极管不同，它工作在反向击穿状态。稳压二极管图形符号如图4-6所示。

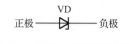

图 4-6　稳压二极管图形符号

（1）接法

由于稳压二极管工作在反向击穿状态，所以在实际电路中，其负极应该接电源正极，而正极应该接地，如图4-7所示。

（2）伏安特性曲线

图 4-8 为稳压二极管的伏安特性曲线。当施加的正向电压或反向电压较小时，稳压二极管同样具有单向导电性。当反向电压增大到一定大小时，反向电流急剧增加，稳压二极管进入反向击穿区，此时随着反向电流的增加，其电压基本保持不变，该电压即为稳定电压 U_Z。

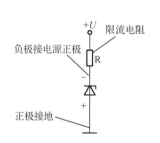

图 4-7　稳压二极管电路中接法示意图　　图 4-8　稳压二极管的伏安特性曲线

（3）主要参数

a．稳定电压 U_Z，指稳压二极管的反向击穿电压。不同型号的稳压二极管具有不同的稳定电压，具体根据实际需求选择。

b．最大稳定电流 I_{ZM}，指稳压二极管长期工作时，所允许通过的最大反向电流，即最大工作电流。实际使用时，应确保工作电流不超过 I_{ZM}，否则，可能导致稳压二极管烧毁。

3．发光二极管

发光二极管即 LED，也属于晶体二极管，是能够将电能转化为光能的固态半导体元件。

（1）图形符号和结构

通常情况下，LED 可以直接用符号 LED 或 D 表示。插针 LED 的长引脚为正极，短引脚为负极。LED 图形符号和结构示意图如图4-9所示。

（2）分类

LED 产品的分类方式多样，在此简单介绍以下三种。

a．按功率分：有中小功率 LED（功率为几十至几百毫瓦，工作电流小于 100mA），大功率 LED（单只 LED 功率为 1W、3W、5W 等，工作电流均大于 100mA），如图4-10所示。

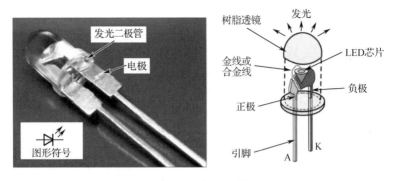

图 4-9　LED 图形符号和结构示意图

图 4-10　不同功率的 LED

b．按用途分：分别有 LED 指示灯（适用于各种电子设备，如手机、遥控器等）、LED 照明灯（如球泡灯、手电筒、路灯等）、LED 背光灯（LCD 的背光光源）、LED 点阵（适用于大屏幕 LED 显示屏）、LED 显示器（适用于数字仪表及智能仪表），如图 4-11 所示。

图 4-11　LED 的用途示例

c．按发光颜色分：有白光、红光、橙光、黄光、绿光、蓝光、RGB、红外二极管等，如图 4-12 所示。

彩色LED　　　　　　RGB LED　　　　　红外二极管

图 4-12　不同发光颜色 LED

（3）主要参数

a．最大工作电流 I_{FM}，指 LED 长期正常工作时，所允许通过的最大正向电流。实际使用中，须注意通过它的电流不能超过该值，否则将会烧毁 LED。

b．最大反向工作电压 U_{RM}，指 LED 在不被击穿的前提下，所能承受的最大反向电压。

实际使用中，须注意 LED 承受的电压大小不应超过 U_{RM}，否则 LED 可能被击穿。

4.1.5　任务拓展

1．比较稳压二极管和普通二极管，它们在特性上主要存在什么差异？
2．在实际应用选型中，发光二极管应主要考虑哪些参数？
3．硅二极管和锗二极管的阈值电压各是多少？
4．如下图所示的四只硅二极管，哪个能导通工作？

4.1.6　课后习题

1．画出二极管的结构示意图和图形符号，并说明二极管的主要特性。
2．如果用万用表测得二极管的正、反向电阻都很大，则二极管_____。
3．画出二极管的伏安特性曲线。
4．二极管的主要参数有哪些？
5．画出稳压二极管的图形符号，并说明其在电路中的接法。
6．画出发光二极管的图形符号，并说明其功能以及分类。

4.2　任务 2　晶体三极管的辨识与应用

4.2.1　任务目标

通过本任务，认识晶体三极管，掌握三极管的检测方法。
➢ 熟悉三极管的结构、符号、引脚排列。
➢ 了解晶体三极管的分类。
➢ 掌握晶体三极管的主要参数及特性曲线。
➢ 了解晶体三极管不同偏置电路应用。
➢ 掌握使用万用表检测晶体三极管的极性和质量优劣的方法。

4.2.2　所需工具和器材

所需工具和器材如表 4-4 所示。

表 4-4　所需工具和器材

类　别	名　称	数　量
工具	万用表（指针/数字）	1
器材	PNP 硅管/9012	2
	NPN 硅管/9013	2

4.2.3 任务步骤

三极管检测

1. PNP 晶体三极管的引脚极性判别

（1）万用表量程的选择

将万用表挡位旋钮拨至×1kΩ挡，并将红、黑表笔短接，进行万用表校零操作。

> ❖ 指针万用表每次选择不同的量程后，测量前都要进行校零操作。若使用数字万用表，则可省去该项操作。
>
> ❖ 红、黑表笔插入万用表插孔时，注意不要接反。

（2）基极判别

a. 如图 4-13 所示，将万用表红表笔搭接在 1 脚上，然后分别用黑表笔搭接 2 脚和 3 脚，测得两个阻值，并记录在表 4-5 中。

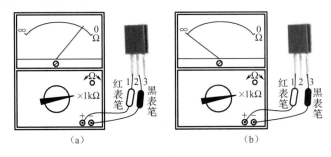

图 4-13 PNP 三极管基极判别示意图

b. 将万用表红表笔搭接在 2 脚上，重复上述步骤，并将测得的阻值记录在表 4-5 中。

c. 将万用表红表笔搭接在 3 脚上，重复上述步骤，并将测得的阻值记录在表 4-5 中。

d. 观察表 4-5 记录的三组数据，同一组阻值都很小时，红表笔所接的即为该三极管的基极 B，并将该引脚编号记录在表 4-5 中。

表 4-5 PNP 三极管基极判别结果

引 脚 接 法			检 测 项 目		
			测量极间电阻		极 性 判 别
1 脚	2 脚	3 脚	阻值 1	阻值 2	基极 B
红表笔	黑表笔	黑表笔			
黑表笔	红表笔	黑表笔			
黑表笔	黑表笔	红表笔			

> ❖ 测量时，注意不允许用手同时捏住三极管的两个引脚，以免影响测试结果。

（3）发射极和集电极判别

a. 如图 4-14 所示，将万用表红、黑表笔接除基极 B 外的两个引脚，然后用手指捏紧红表笔和基极 B，同时观察万用表读数并记录在表 4-6 中。

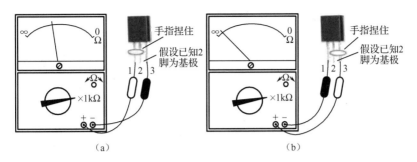

图 4-14　PNP 三极管发射极和集电极判别示意图

b. 对调红、黑表笔，重复上述步骤，并将测得的阻值记录在表 4-6 中。

c. 观察表 4-6 记录的两组数据，阻值较小那组的红表笔所接引脚为集电极 C，黑表笔所接引脚则为发射极 E，并将它们对应的引脚编号记录在表 4-6 中。

表 4-6　PNP 三极管发射极和集电极判别结果

检 测 项 目		极 性 判 别	
		发射极 E	集电极 C
第一组阻值	第二组阻值		

2．NPN 晶体三极管的引脚极性判别

（1）基极判别

a. 万用表挡位选择同上述操作。如图 4-15 所示，将万用表黑表笔搭接在 1 脚上，然后分别用红表笔搭接 2 脚和 3 脚，测得两个阻值，并记录在表 4-7 中。

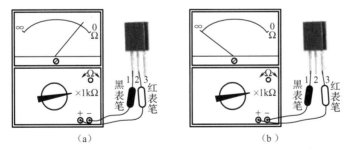

图 4-15　NPN 三极管基极判别示意图

b. 将万用表黑表笔搭接在 2 脚上，重复上述步骤，并将测得的阻值记录在表 4-7 中。

c. 将万用表黑表笔搭接在 3 脚上，重复上述步骤，并将测得的阻值记录在表 4-7 中。

d. 观察表 4-7 记录的三组数据，同一组阻值都很小时，黑表笔所接的即为该三极管的基极 B，并将该引脚编号记录在表 4-7 中。

表 4-7 NPN 三极管基极判别结果

引 脚 接 法			检 测 项 目		
			测量极间电阻		极 性 判 别
1 脚	2 脚	3 脚	阻值 1	阻值 2	基极 B
黑表笔	红表笔	红表笔			
红表笔	黑表笔	红表笔			
红表笔	红表笔	黑表笔			

（2）发射极和集电极判别

a．同 PNP 三极管发射极和集电极引脚判别步骤，将测得的两组电阻值记录在表 4-8 中。

b．观察表 4-8 记录的两组数据，阻值较小那组的黑表笔所接引脚为集电极 C，红表笔所接引脚则为发射极 E，并将它们对应的引脚编号记录在表 4-8 中。

表 4-8 NPN 三极管发射极和集电极判别结果

检 测 项 目		极 性 判 别	
		发射极 E	集电极 C
第一组阻值	第二组阻值		

3．晶体三极管的质量判别

上述 PNP 和 NPN 晶体三极管三个极性分别确定后，可利用万用表的×1kΩ 挡来进行质量好坏的判别，具体操作如下。

（1）PNP 晶体三极管质量好坏的判别

a．将万用表的红表笔搭接 B 极，黑表笔则分别搭接 E 极和 C 极，分别测得 B 极和 E极、B 极和 C 极之间的正向电阻，并记录在表 4-9 中。

b．调换红、黑表笔，将黑表笔搭接 B 极，红表笔则分别搭接 E 极和 C 极，分别测得B 极和 E 极、B 极和 C 极之间的反向电阻，并记录在表 4-9 中。

c．测量 C 极与 E 极的两个阻值并记录在表 4-9 中（C 接红、E 接黑以及 C 接黑、E接红）。

d．根据表 4-9 记录的数据，判别晶体三极管的质量并记录在表 4-9 中。

表 4-9 PNP 三极管质量判别结果

极间电阻测量						质 量 判 别
正向电阻（红表笔接 B）		反向电阻（黑表笔接 B）		E 极与 C 极间		
E→B	C→B	B→E	B→C	C→E	E→C	

（2）NPN 晶体三极管质量好坏的判别

a．将万用表的黑表笔搭接 B 极，红表笔则分别搭接 E 极和 C 极，分别测得 B 极和 E极、B 极和 C 极之间的正向电阻，并记录在表 4-10 中。

b．调换红、黑表笔，将红表笔搭接 B 极，黑表笔则分别搭接 E 极和 C 极，分别测得 B 极和 E 极、B 极和 C 极之间的反向电阻，并记录在表 4-10 中。

c．测量 C 极与 E 极的两个阻值并记录在表 4-10 中（C 接红、E 接黑以及 C 接黑、E 接红）。

d．根据表 4-10 记录的数据，判别晶体三极管的质量并记录在表 4-10 中。

表 4-10　NPN 三极管质量判别结果

极间电阻测量						质 量 判 别
正向电阻（黑表笔接 B）		反向电阻（红表笔接 B）		E 极与 C 极间		
B→E	B→C	E→B	C→B	C→E	E→C	

❖ 通常，三极管基极 B 与集电极 C、基极 B 与发射极 E 间均有一定的正向阻值，反向阻值则均为无穷大；集电极 C 与发射极 E 之间的正、反向阻值均为无穷大。

❖ 若三极管的正、反向电阻阻值相差很大，则表明三极管基本是好的；若正、反向电阻都很大，则表明三极管内部 PN 结损坏；若正、反向电阻阻值都很小或为 0，则表明三极管内部 PN 结损坏或被击穿。

4.2.4　必备知识

1. 晶体三极管

晶体三极管简称三极管或晶体管，是由两个 PN 结构成的三个电极的半导体元件。其在电路中主要起放大和开关作用，如图 4-16 所示。

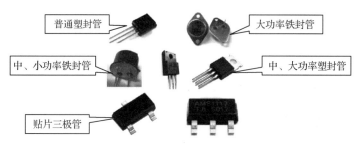

图 4-16　三极管实物图

（1）结构及图形符号

三极管由两个 PN 结构成，按不同的组合方式分为 NPN 型和 PNP 型两类，它们的结构如图 4-17（a）所示。由图可知，三极管内部分为发射区、基区和集电区，由三个区引出三个电极，分别是发射极 E、基极 B 和集电极 C。两个 PN 结分别为发射结和集电结。在电路中，通常用符号 Q、V 或 VT 表示三极管，图形符号如图 4-17（b）所示。

（2）封装与引脚分布

三极管封装与引脚分布示例如图 4-18 所示。不同封装或品牌的三极管，其引脚分布规律也可能不同，具体以实物为准。

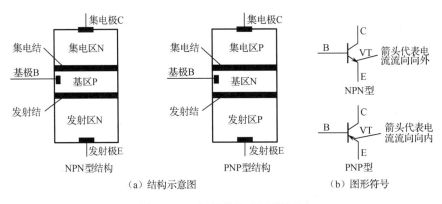

图 4-17　三极管结构及图形符号

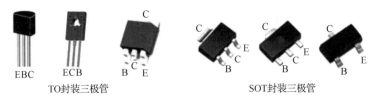

图 4-18　三极管封装与引脚分布示例

（3）极性及质量好坏检测机理

由于三极管内部由两个 PN 结构成，因此可将其等效为两个二极管连接而成，如图 4-19 所示，所以对三极管极性及质量好坏的判别，可看成是对两只二极管的判别。

（a）NPN型三极管等效电路图　　　　　　　（b）PNP型三极管等效电路图

图 4-19　三极管等效电路示意图

由图可知，对于 NPN 型三极管，将黑表笔搭接基极 B，红表笔则分别搭接发射极 E 和集电极 C，即可检测两个二极管的正向阻值（正方向由万用表内部电源极性决定）；调换表笔后，则可分别测得两个二极管的反向阻值。而对于 PNP 型三极管，将红表笔接基极 B，黑表笔则分别接发射极 E 和集电极 C，即可检测两个二极管的正向电阻；调换表笔后，可测得其反向电阻。根据测得的正、反向阻值即可判断三极管的极性和质量好坏。

（4）分类

三极管的种类很多，其分类如下。

a. 按构成材料分。三极管分为硅管和锗管。其中硅管受温度影响较小、工作稳定，所以在自动控制设备中常用硅管。

b. 按内部结构分。三极管可分为 NPN 和 PNP 型。目前国产硅管多数为 NPN 型，锗管则多为 PNP 型。

c. 按功率分。三极管一般分为小、中、大功率管三种。一般耗散功率<0.3W 为小功率管，0.3～1W 为中功率管，而功率>1W 则为大功率管，通常需要安装在散热片上。

d．按工作频率分。三极管可分为低频管和高频管。一般工作频率>3MHz 的为高频管，而工作频率<3MHz 的则为低频管。

e．按封装方式分。三极管一般可分为插针式和贴片式两种。

f．按功能分。一般有普通三极管、达林顿三极管、带阻三极管和光电三极管。

2．三极管的电流放大作用

三极管是一种电流控制元件，在电路中主要起电流放大作用。要使它正常工作，必须为三极管各极提供电压，让其内部有电流流过，这样三极管才具有放大能力。为三极管各极提供电压的电路称为偏置电路。

（1）电流放大作用仿真实验

在 Multisim 仿真软件中搭建三极管电流放大仿真电路，以观察其特性，如图 4-20 所示。通过改变电位器（RP）的阻值得出表 4-11 的数据。

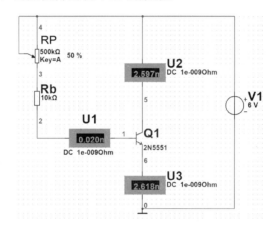

图 4-20　三极管电流放大原理仿真图

表 4-11　三极管电流放大仿真实验数据

测 量 电 流	仿 真 次 数				
	第 1 次	第 2 次	第 3 次	第 4 次	第 5 次
I_B	0mA	0.020mA	0.029mA	0.039mA	0.062mA
I_C	0mA	2.597mA	3.754mA	5.310mA	8.679mA
I_E	0mA	2.618mA	3.784mA	5.349mA	8.741mA

从表 4-11 中可得出如下结论。

a．三极管各极的电流关系：发射极电流 I_E 等于集电极电流 I_C 与基极电流 I_B 之和，即 $I_E = I_B + I_C$。

b．三极管具有电流放大作用，其放大倍数 β 可近似为 $\beta \approx \dfrac{I_C}{I_B}$。

（2）三种基本连接方式

三极管在电路应用中，有三种基本连接方式：以基极为公共端的共基极连接方式、以发射极为公共端的共发射极连接方式和以集电极为公共端的共集电极连接方式，如图 4-21 所示。

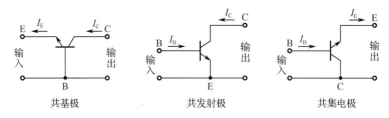

图 4-21　三极管三种基本连接方式

3．三极管的特性曲线

三极管的特性曲线用来表示其各极电压和电流之间的相互关系，反映三极管的性能，是分析放大电路的重要依据。最常用的是共发射极连接的输入和输出特性曲线。

（1）输入特性曲线

输入特性曲线是反映三极管输入回路电压和电流关系的曲线，是在输出电压（集-射极电压）U_{CE} 为定值时，输入电路（基极电路）中的基极电流 I_B 与基-射极电压 U_{BE} 之间的关系曲线，如图 4-22 所示。

对硅管而言，当 $U_{CE} \geq 1V$ 时，集电结已反偏，此后，U_{CE} 对 I_B 不再有明显的影响，故输入特性曲线仅画出 $U_{CE} \geq 1V$ 时的曲线。

由图 4-22 可知，当输入电压 U_{BE} 较小时，基极电流 I_B 很小，通常近似为零。而当 U_{BE} 大于三极管的死区电压 U_{th} 后，I_B 开始上升。通常，硅管的死区电压约为 0.5V，锗管约为 0.1V。三极管正常导通时，硅管导通电压 U_{BE} 约为 0.7V，锗管则约为 0.3V，此时的 U_{BE} 值称为三极管工作时的发射结正向压降。

（2）输出特性曲线

输出特性曲线是反映三极管输出回路电压与电流关系的曲线，是指基极电流 I_B 为常数时，输出回路（集电极电路）中集电极电流 I_C 与集-射极电压 U_{CE} 间的关系曲线。在不同 I_B 下，可得出不同的曲线，所以三极管的输出特性曲线是一组曲线，如图 4-23 所示。

通常将三极管的输出特性曲线分为截止区、放大区和饱和区三个工作区，即三极管的三个工作状态。

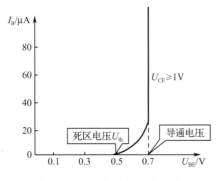

图 4-22　三极管输入特性曲线

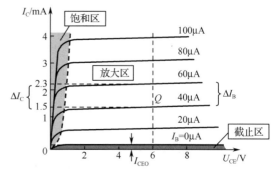

图 4-23　三极管输出特性曲线

　　a．截止区。指 $I_B=0$ 的曲线以下的区域。三极管发射结反偏或零偏，集电结反偏，三极管处于截止状态，即三极管内部各极相当于开路，此时，$I_C \approx 0$。

　　b．放大区。指输出特性曲线接近水平部分，放大区也称为线性区。三极管发射结正偏、集电结反偏，三极管处于放大状态。在此区域 I_C 受 I_B 控制，具有电流放大作用。

　　c．饱和区。三极管发射结和集电结均正偏，三极管处于饱和状态。此时 U_{CE} 称为饱和压降，三极管集-射极间呈低电阻，相当于开关闭合。

> ❖　三极管工作在放大区时，常应用于模拟电路中。
>
> 　❖　三极管工作在饱和区和截止区时，具有"开关"特性，常应用于数字电路中，作为电子开关器件使用。当控制信号为高电平时，三极管饱和导通；当控制信号为低电平时，三极管截止。

4．三极管的主要参数

（1）电流放大倍数

三极管电流放大倍数有直流和交流两种。其中，直流放大倍数指集电极电流 I_C 与基极电流 I_B 的比值；而交流放大倍数则是指集电极电流变化量 ΔI_C 与基极电流变化量 ΔI_B 之比。因为这两者近似相等，故应用时一般不区分。在实际使用时，一般选放大倍数 β 为 40～80 的三极管。

（2）穿透电流 I_{CEO}

穿透电流即三极管集-射极反向饱和电流，它指在基极开路时，集电极与发射极之间加上一定电压时，由集电极流向发射极的电流。其大小受温度影响较大，I_{CEO} 越小，热稳定性越好，通常锗管的 I_{CEO} 比硅管大。

（3）反向击穿电压

a．反向击穿电压 $U_{BR(CBO)}$。它是发射极开路时的集电结的反向击穿电压。

b．反向击穿电压 $U_{BR(EBO)}$。它是集电极开路时的发射结的反向击穿电压。

c．反向击穿电压 $U_{BR(CEO)}$。它是基极开路时的集电极和发射极之间的击穿电压。

d．三个击穿电压的关系：$U_{BR(CBO)} > U_{BR(CEO)} > U_{BR(EBO)}$。

（4）集电极最大允许电流 I_{CM}

集电极最大允许电流是指使电流放大倍数 β 下降到 $\frac{2}{3}\beta$ 时所对应的集电极电流。在三极管放大电路中，I_C 不允许超过 I_{CM}。

（5）集电极最大允许功耗 P_{CM}

集电极最大允许功耗是三极管最大允许平均功率，是 I_C 和 U_{CE} 的乘积允许的最大值。实际使用中，三极管的功耗不能超过 P_{CM}，否则三极管将因为过热而损坏。

（6）特征频率 f_T

特征频率是指三极管的放大倍数 β 下降到 1 时的频率。在工作时，放大倍数 β 会随信号频率的升高而减小。当信号频率等于特征频率时，三极管将失去放大功能；若大于特征频率，则三极管将不能正常工作。

4.2.5　任务拓展

1．三极管三个引脚的电流大小呈什么关系？

2．某三极管的①引脚流出电流是 5mA，②引脚流入电流是 4.9mA，③引脚流入的电流为 0.1mA，请判断①、②、③引脚对应什么极性？该三极管是什么类型？

3．NPN 型三极管三个电极的电位分别是 U_C=3.3V、U_E=3V、U_B=3.7V，则该管工作在哪个状态？

4．某三极管工作在放大区，若基极电流从 12μA 增大到 22μA 时，集电极电流从 1mA 变为 2mA，请问它的放大倍数 β 约是多少？

5．某三极管的极限参数是 P_{CM}=250mW，I_{CM}=60mA，$U_{BR(CEO)}$=100V。请问：

（1）如果 U_{CE}=15V，集电极电流为 30mA，那么三极管是否能正常工作？为什么？

（2）如果 U_{CE}=5V，集电极电流为 100mA，那么三极管是否能正常工作？为什么？

4.2.6　课后习题

1．画出 NPN 和 PNP 三极管的结构示意图和图形符号，并说明三极管主要起什么作用？

2．某三极管的发射极电流 I_E=3.2mA，基极电流 I_B=40μA，请问其集电极电流 I_C 是多少？

3．画出三极管输出特性曲线，并说明三极管在满足什么条件时工作于放大状态？

4．三极管基本连接方式有哪三种？并画出其基本连接电路（以 NPN 为例）。

5．三极管的主要参数有哪些？

第5章

晶体管放大电路的仿真及应用

本章主要通过晶体管放大电路的仿真，理解主要元器件的作用、放大电路的工作过程，识读单管放大及多级放大电路，以及会用示波器观察静态工作点设置对波形失真的影响。另外，通过音频功率放大器的安装、调试等，了解它的工作原理，认识相关元器件，熟悉电路的安装方法和手工焊接。

单元目标

技能目标

❖ 掌握晶体管单管和多级放大电路的仿真。
❖ 掌握放大电路静态工作点的设置及波形观测。
❖ 掌握音频功率放大器的安装、调试等。

知识目标

❖ 了解单管和多级放大电路及工作原理。
❖ 掌握晶体管放大电路直流回路和交流回路的绘制。
❖ 了解音频功率放大器的工作原理。

5.1 任务 1 单管放大电路的仿真

5.1.1 任务目标

通过单管放大电路的仿真，了解单管放大电路的工作原理及相关参数的测量。

➤ 掌握晶体管单管放大电路的仿真。
➤ 掌握放大电路静态工作点的调试方法、作用以及相关参数测量。

5.1.2 所需设备

所需设备如表 5-1 所示。

表 5-1 所需设备

类　别	名　称	数　量
硬件设备	计算机	1
工具软件	Multisim 仿真软件	1

5.1.3 原理图

单管放大电路原理图如图 5-1 所示。

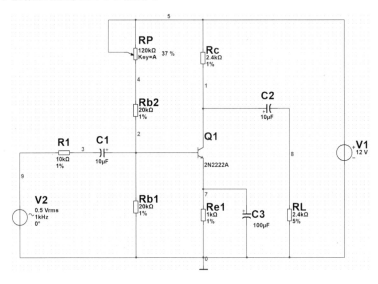

图 5-1　单管放大电路原理图

5.1.4 任务步骤

1. 仿真元器件的放置

按照如图 5-1 所示的原理图放置仿真元器件，具体如下。

（1）放置晶体管 Q1。打开 Multisim 仿真软件，通过快捷键【Ctrl+W】打开元器件的选择窗口，在元器件组的下拉菜单中选择【Transistors】；在元器件窗口输入晶体管的型号 2N2222A，双击它放置在设计窗口合适位置，如图 5-2 所示。

（2）放置极性电容 C1。通过快捷键【Ctrl+W】打开元器件的选择窗口，在元器件组的下拉菜单中选择【Basic】，并在系列列表中选择【CAP_ELECTROLIT】；在元器件窗口设置电容值为 10μF，双击选择它，并通过快捷键【Ctrl+R】调整电容方向后，将其放置在设计窗口，如图 5-3 所示。

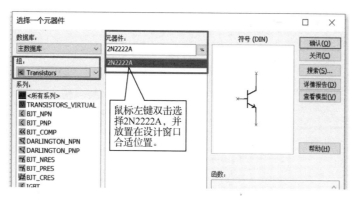

图 5-2　晶体管 2N2222A 的放置

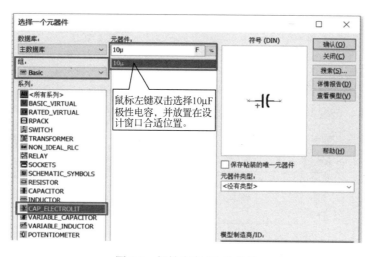

图 5-3　极性电容 C1 的放置

（3）放置极性电容 C2、C3。重复步骤（2），完成 C2、C3 电容的放置，如图 5-4 所示。

（4）放置固定电阻。通过快捷键【Ctrl+W】打开元器件的选择窗口，在元器件组的下拉菜单中选择【Basic】，并在系列列表中选择【RESISTOR】；在元器件窗口设置电阻值为10kΩ，双击选择它，完成 R1 电阻的放置。双击 R1 电阻进入参数设置界面，在【值】选项设置它的容差为 1%，如图 5-5 所示。

图 5-4　极性电容放置效果图　　　　　　图 5-5　电阻容差设置

（5）重复步骤（4），依次完成全部电阻的放置及参数设置。电阻显示标号在参数设置界面【标签】选项中修改，如图5-6所示。

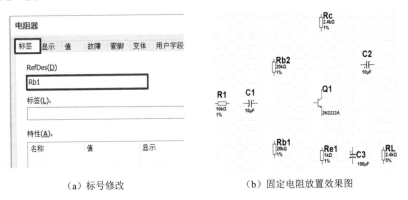

（a）标号修改　　　　　　　　（b）固定电阻放置效果图

图5-6　标号修改及固定电阻放置效果图

（6）放置电位器RP。在系列列表中选择【POTENTIOMETER】，在元器件窗口任选一个电位器放置在设计窗口中，并双击电位器进入参数设置界面，在【值】选项设置电阻值为120kΩ。另外，可根据实际需求设置增量和改变阻值的快捷键，如图5-7所示。

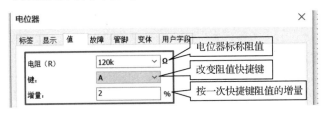

图5-7　电位器参数设置

（7）放置电源和地。通过快捷键【Ctrl+W】打开元器件的选择窗口，依次选择DC_POWER（V1）、AC_POWER（V2）和 GROUND。根据原理图修改它们的参数和方向，如图 5-8所示。

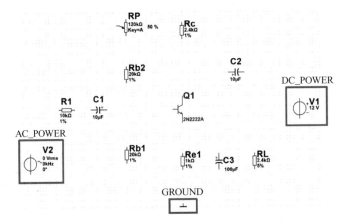

图5-8　电源及地放置效果

❖ 同系列元器件放置。例如有 X1～X5 五个不同参数的元器件，它们可以通过上述步骤依次完成放置。也可以在完成 X1 放置后，单击选中 X1 并进行复制粘贴，然后根据具体需求，将粘贴后的元器件进行参数修改（包括标号、值、容差等）和方向调整，依次完成 X2～X5 的放置。

❖ 元器件、显示标号等位置可以通过鼠标拖曳进行调整。

❖ 注意晶体管、极性电容等极性元器件的极性方向。

❖ 该电路使用的晶体管为 NPN 管，如果使用 PNP 管，其最大区别在于直流供电电源极性相反。

❖ 放置节（软件中为"结"）点方法。单击菜单栏【绘制】→【结】或快捷键【Ctrl+J】在相连线路交叉处放置节点。

2．仿真电路的搭建

按照如图 5-1 所示的原理图搭建仿真电路，如图 5-9 所示。搭建时注意晶体管和极性电容的极性不能接错。

3．电路仿真分析

（1）静态工作点调试与测量

a．将输入信号源 V2 参数设置为 0，即无输入信号，并将电位器 RP 调至 100%（最大值），如图 5-10 所示。

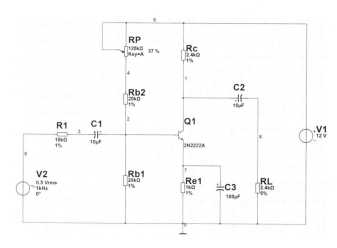

图 5-9　单管放大电路仿真电路

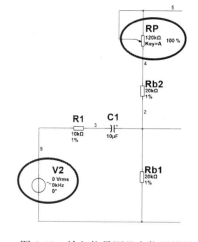

图 5-10　输入信号源及电位器设置

b．如图 5-11 所示，断开晶体管 Q1 的集电极 C 和电阻 Rc 连线，串入万用表 XMM1（双击设置为直流电流挡）；然后分别在 Q1 的基极 B 和发射极 E、集电极 C 和发射极 E 之间并联上万用表 XMM2、XMM3（双击设置为直流电压挡）。

c．确认线路无误后，单击仿真开关开始静态工作点的测量。通过调节电位器 RP 使万用表 XMM1 读数为 2mA，记作 I_C（集电极电流），并记录此时电位器 RP 的阻值于表 5-2 中。观察万用表 XMM2、XMM3 的读数，并记录在表 5-2，它们分别记作 U_{BE}、U_{CE}。

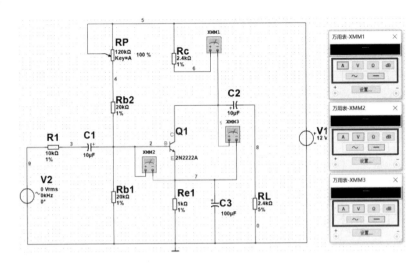

图 5-11　工作点的静态调整仿真图

表 5-2　静态工作点测试结果

集电极电流 I_C	电位器 RP 阻值	基-射极电压 U_{BE}	集-射极电压 U_{CE}

（2）电压放大倍数的计算

a. 将输入信号源 V2 的参数设置为 10mV/1kHz。

b. 确认线路无误后，单击仿真开关测量输出电压 U_o（XMM3 的读数），并记录在表 5-3 中。

c. 通过修改 R_C 和 R_L，分别测得不同输出电压，并记录在表 5-3 中。

d. 根据表 5-3 中的数据，计算出放大电路的放大倍数（输出电压与输入电压的比值），并记录在表 5-3 中。观察放大倍数随电阻如何变化。

表 5-3　输出电压及放大倍数

输入电压 U_i	集电极电阻 R_C	负载电阻 R_L	输出电压 U_o	放大倍数 A_V
	2.4kΩ	∞		
	2.4kΩ	2.4kΩ		
	1.2kΩ	1.2kΩ		

（3）观察静态工作点对输出波形失真的影响

a. 将 R_C 和 R_L 分别设置为 2.4kΩ，并去掉输入信号源 V2。然后调节 RP 使集电极电流为 2mA（万用表 XMM1 读数），并测出集-射极电压 U_{CE}（万用表 XMM3 读数）。

b. 如图 5-12 所示，在输入端接入函数发生器，双击函数发生器设置振幅为 10mV，频率 1kHz。然后接入示波器 XSC1，示波器 A 口接输入端测量输入波形，B 口接输出端测量输出波形。

c. 确认电路连接无误后，单击仿真开关开始仿真。然后逐步加大函数发生器振幅，同时双击示波器进入工作界面观察输出电压波形，使得输出电压足够大但不失真，在表 5-4

中记录此时输出电压波形和 I_C、U_{CE} 值。

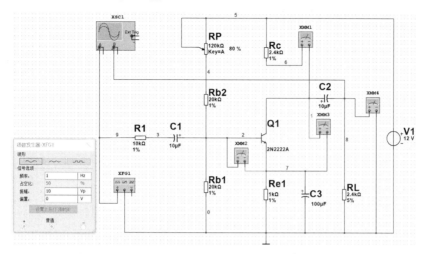

图 5-12　接入函数发生器及示波器

d. 保持输入信号不变，分别增大和减小电位器 RP 的阻值，使波形出现失真，在表 5-4 中绘制出相应的输出电压波形，并记录失真时的 I_C 和 U_{CE} 值。

表 5-4　输出波形失真结果记录

测 量 项 目	工作点设置		
	不失真	增大 RP 值	减小 RP 值
I_C			
U_{CE}			
输出电压波形	u_o 　 O 　 t	u_o 　 O 　 t	u_o 　 O 　 t

5.1.5　必备知识

1. 放大电路

放大电路也称放大器，它将输入的微弱电信号（指变化的电压、电流等）放大到所需的幅度值且不失真的信号，输出给负载（如扬声器、显像管等）。放大电路应用广泛，比如扩音机、手机是将话筒声音微小电信号放大成能听到的声音；电视是将视频信号放大后送到屏幕上显示、将声音放大送给喇叭；还可以应用在各种声控、光控电路等。本任务主要介绍由分立元件组成且晶体管类型为 NPN 的常用基本放大电路。

2. 晶体管基本放大电路

放大电路根据输入电路和输出电路的公共点不同，有如下三种基本形式。

（1）共发射极基本放大电路

a．构成。如图 5-13 所示为共发射极基本放大电路，其对交流信号而言，发射极作为输入、输出端的公共点。电路中各元器件的功能如表 5-5 所示。

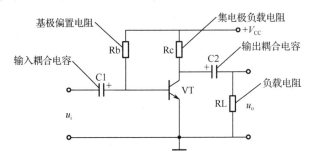

图 5-13　共发射极基本放大电路

表 5-5　共发射极基本放大电路元器件功能

符　号	名　称	作　用
VT	晶体管	放大元件，实现电流放大
Rb	基极偏置电阻	提供偏置电压，使发射结正偏；提供基极电流以获得合适工作点
Rc	集电极负载电阻	将集电极变化的电流转换为变化的电压，从而实现电压放大
V_{CC}	集电极电源电压	为输出信号提供能量，且保证集电结反偏；一般为几到几十伏
C1	输入耦合电容	隔直作用，使信号源的交流信号畅通地传送到放大电路输入端
C2	输出耦合电容	隔直作用，且把放大后的交流信号畅通地传送给负载

b．工作原理。输入信号 u_i 直接加在晶体管基极和发射极之间，引起基极电流作相应的变化。通过晶体管的电流放大作用，其集电极电流也发生变化，从而引起集电极和发射极之间的电压（集-射电压）变化。集-射电压的交流分量经过电容 C2 传送给负载，成为输出交流电压 u_o，实现了电压放大。

c．特点。共发射极放大电路有输入信号与输出信号反相、具有电压和电流放大作用、功率放大倍数高、适于电压放大和功率放大电路等特点。

（2）共集电极基本放大电路

a．构成。如图 5-14 所示为共集电极基本放大电路，其对交流信号而言，集电极作为输入、输出端的公共点（直流电源+V_{CC}对于交流信号来说相当于短路，因而集电极相当于直接接地）。电路中的射极偏置电阻 Re 的作用是在直流通路中引入直流负反馈，从而稳定静态工作点。

b．工作原理。输入信号 u_i 经过耦合电容 C1 将交流分量施加在晶体管基极，经过晶体管对信号进行电流放大后，由发射极经过耦合电容作用后为负载提供输出信号 u_o。因为发射极为输出端，且其电压等于发射极电流与发射极电阻的乘积，因而发射极电压与基极电压同时增大或减小，所以共集电极放大电路又称射极输出器、电压跟随器。

c．特点。共集电极放大电路有电压放大倍数接近 1、输入电阻较大、输出电阻较小、频率特性较好等特点，常用于电压放大电路的输入级、输出级和缓冲级。

（3）共基极基本放大电路

a．构成。如图 5-15 所示为共基极基本放大电路，其对交流信号而言，基极作为输入、输出端的公共点（基极通过 Cb 交流接地）。该类放大电路输入信号是由晶体管的发射极和基极两端输入，经过晶体管放大，由晶体管集电极和基极两端输出信号给负载。

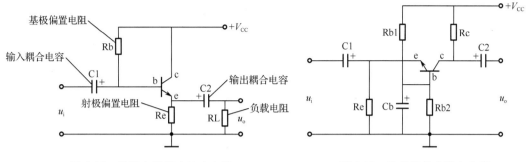

图 5-14　共集电极基本放大电路　　　　　图 5-15　共基极基本放大电路

b．工作原理。交流输入信号 u_i 经耦合电容 C1 施加在晶体管发射极上，输入信号电压会引起基极电流和发射极电压的变化，因而集电极电流也相应变化。集电极电流流过集电极负载电阻 Rc，将集电极电流的变化转换为集电极电压的变化，即共基极放大电路输出信号。该信号经过耦合电容 C2 输出给负载。

c．特点。它的主要特点是没有电流放大、只有电压放大的作用，且具有电流跟随作用；输入电阻最小；电压放大倍数、输出电阻与共发射极放大电路相当；属于同相放大电路；在三种电路中，其频率特性是最好的，常用于高频或宽频带低输入阻抗的场合。

3．放大电路的静态分析

放大电路的分析可分为静态和动态两种。当没有输入信号时，晶体管各极对应的电压、电流是不变的，放大器所处的状态即为静态，又称直流状态。当有输入信号时，则电路中电压、电流均是变动的，即处于动态。放大电路的静态分析是要确定放大电路的静态值/直流值 I_B、I_C、U_{BE} 和 U_{CE}，放大电路的质量与其静态值的关系很密切。而动态分析是要确定放大电路的电压放大倍数 A_u、输入电阻 r_i 和输出电阻 r_o 等。以下以 NPN 管共发射极放大电路为例。

（1）静态工作点的作用及影响

静态时，晶体管各极电压和电流值称为静态工作点 Q，通常为 I_B、I_C 和 U_{CE}。其作用是保证放大电路输出信号不发生失真。

所谓失真，是指输出信号的波形与输入信号的波形不像。放大电路中，引起失真的最基本原因就是静态工作点不合适或信号太大，使得它发生非线性失真。若 Q 点的位置太低，则会使晶体管进入截止区工作，从而引起截止失真，输出电压波形的正半周峰顶被削平，如图 5-16（a）所示；若 Q 点的位置太高，则晶体管进入饱和区工作，从而引起饱和失真，输出电压波形负半周峰谷被削平，如图 5-16（b）所示。因此要使放大电路不发生非线性失真，必须要设置合适的静态工作点 Q。若静态工作点设置合适，输入信号幅值过大也会产生失真，减小信号幅值即可消除失真。

放大电路中若出现饱和失真，可适当增大偏置电阻 R_b，降低偏置电流 I_B，则可消除饱和失真；若是截止失真，可适当减小偏置电阻 R_b，增大偏置电流 I_B，则可消除截止失真。

（2）直流通路确定静态值

放大电路的静态分析可用直流通路来分析计算。因为电容的隔直流、通交流作用，所以可将电容 C1 和 C2 看作开路，共发射极基本放大电路直流通路如图 5-17 所示。静态工作点如表 5-6 所示。

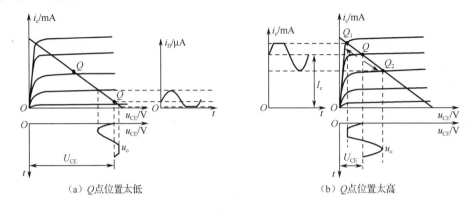

（a）Q点位置太低　　　　　　　　（b）Q点位置太高

图 5-16　静态工作点 Q 设置不合适的影响

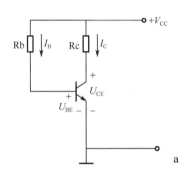

图 5-17　共发射极基本放大电路直流通路

表 5-6　静态工作点

静　态　值	符　号	公　式	备　注
基极电流	I_B	$I_B = \dfrac{V_{CC} - U_{BE}}{R_B} \approx \dfrac{V_{CC}}{R_B}$	U_{BE}（硅管约为 0.6V）远小于 V_{CC}，故可忽略不计
集电极电流	I_C	$I_C \approx \beta I_B$	
集-射极电压	U_{CE}	$U_{CE} = V_{CC} - R_C I_C$	

4．放大电路的动态分析

动态时，放大电路在直流电源 V_{CC} 和交流信号 u_i 共同作用下工作，因此电路中电压和电流均包含直流和交流分量。

（1）主要性能指标

a．放大倍数。即增益，它是在输出波形不失真情况下，输出信号（输出电压、电流、功率）与输入信号（输入电压、电流、功率）的比值，是衡量放大电路放大能力的参数指标。

b．输入电阻。其大小反映了放大电路信号源的影响程度，通常希望放大电路输入电阻阻值高一些。

c．输出电阻。其大小反映放大电路带负载的能力，输出电阻越小，放大器负载变化时，输出电压越稳定。

（2）估算交流参数

a．交流通路。要进行交流参数估算，则需画出放大电路的交流通路。对交流分量来说，电容 C1、C2 可视为短路，直流电源也可视为短路。共发射极基本放大电路交流通路如图 5-18 所示。

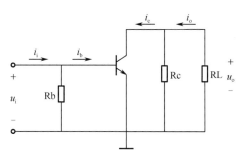

图 5-18　共发射极基本放大电路交流通路

b．通过图 5-18 的交流通路可估算交流参数，如表 5-7 所示。

表 5-7　共发射极基本放大电路交流参数

交流参数	符　号	公　　式	备　　注
基-射极等效电阻	r_{be}	$r_{be} = 300\Omega + (1+\beta)\dfrac{26\,(\mathrm{mV})}{I_E\,(\mathrm{mA})}$	适用于小功率晶体管
输入电阻	r_i	$r_i = R_b // r_{be} \approx r_{be}$	$R_b \gg r_{be}$
输出电阻	r_o	$r_o = R_c // r_{ce} \approx R_c$	$r_{be} \gg R_c$
电压放大倍数	A_V	$A_V = -\dfrac{\beta R_L'}{r_{be}}$	$R_L' = R_c // R_L$

5．温度对放大电路性能的影响

温度对晶体管参数的影响主要体现在对 I_{CEO}、β 和 U_{BE} 的影响。

（1）温度对 I_{CEO} 的影响

I_{CEO} 对温度的变化十分敏感，随着温度变化，静态工作点会发生较大的变化，集电极电流也随之变化。

（2）温度对 β 的影响

温度升高时，β 随之增大，从而输出特性曲线的间距增大，集电极电流也随之增大。

（3）温度对 U_{BE} 的影响

U_{BE} 随温度升高而减小，使输入特性曲线左移，I_B 也随之增大。相对锗管来说，硅管的工作点受 U_{BE} 影响较小。

6．不同偏置放大电路

（1）固定偏置放大电路

如图 5-13 所示的共发射极基本放大电路是典型的固定偏置放大电路，其中 Rb 为偏置电阻，它为晶体管提供基极电流。这种电路简单，静态工作点易调整，但温度稳定性差。为使静态工作点更稳定，常采用分压式偏置放大电路。

（2）分压式偏置放大电路

如图 5-19 所示为分压式偏置放大电路。其中，R_{B1} 和 R_{B2} 分别为上、下偏置电阻，构成分压偏置电路，其作用是为晶体管提供基极偏置电压 U_{BE}；C_E 为交流旁路电容，其作用是提供交流信号通路，以减小信号损耗，使放大电路交流放大能力不因 R_E 的存在而降低；R_E 为反馈电阻，其作用是稳定放大电路的静态工作点。

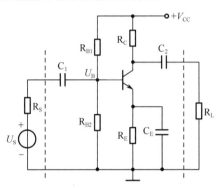

图 5-19　分压式偏置放大电路

5.1.6　任务拓展

1. 尝试在 Multisim 仿真软件中，分别对晶体管三种组态放大电路进行仿真。

2. 在放大电路中，若测得某晶体管三个电极的电位分别是 9V、2.5V、3.2V，则这三个电极分别是什么？

3. 如图 5-13 所示电路，若晶体管为硅管，R_b=300kΩ、R_c=1.2kΩ、V_{CC}=12V、β=125，请求出静态工作点 I_B、I_C、U_{CE}。

4. 根据电容的通交流阻直流特性，请尝试绘制出图 5-19 分压式偏置放大电路的直流通路和交流通路。

5.1.7　课后习题

1. 什么是放大电路的静态工作点？为什么要设置合适的静态工作点？

2. 三极管三种基本放大电路分别有什么特点？

3. 画出饱和失真和截止失真的输出电压波形图，要消除失真应采取什么措施？

4. 如图 5-17 所示，设 V_{CC}=12V，三极管 β=50，U_{BE}=0.7V，若要求 I_C=2mA，U_{CE}=4V，则 R_b 和 R_c 分别是多少？

5. 右图所示电路中，晶体管的 β=100，r_{be}=1kΩ。

（1）现已测得三极管工作在静态工作点时，集电极和发射极的电压差 U_{CEQ}=6V，请估算 R_b 约为多少？

（2）若测得 U_i 和 U_o 的有效值分别为 1mV 和 100mV，则负载电阻 R_L 为多少？

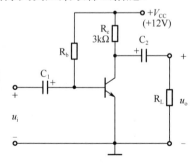

5.2　任务2　多级放大电路的仿真

5.2.1　任务目标

通过多级放大电路的仿真，了解多级放大电路的工作原理及相关测量。

➢ 掌握多级放大电路的仿真。

➢ 掌握多级放大电路相关参数测量及波形观测。

5.2.2　所需设备

所需设备如表 5-8 所示。

表 5-8　所需设备

类　别	名　称	数　量
硬件设备	计算机	1
工具软件	Multisim 仿真软件	1

5.2.3　原理图

多级放大电路原理图如图 5-20 所示。

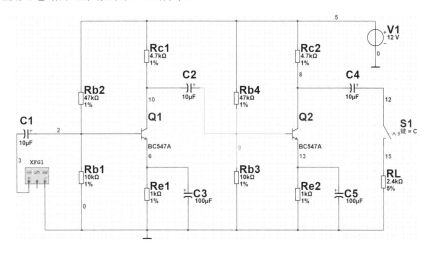

图 5-20　多级放大电路原理图

5.2.4　任务步骤

1. 仿真元器件的放置

按照如图 5-20 所示的原理图在设计窗口的合适位置放置仿真元器件，并修改各元器件参数。元器件放置效果如图 5-21 所示。

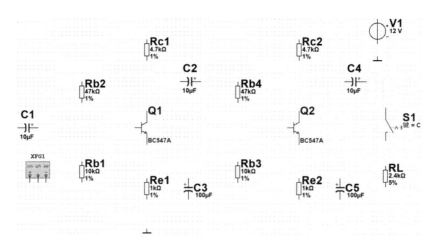

图 5-21　元器件放置效果

2．仿真电路的搭建

按照如图 5-20 所示原理图搭建好仿真电路。搭建时注意晶体管和极性电容的极性不能接错。

3．电路仿真分析

（1）静态工作点调试与测量

a．如图 5-22 所示，断开函数发生器连线，使其开路。同时在晶体管 Q1 和 Q2 的集电极各串入万用表 XMM1 和 XMM4（双击选择直流电流模式）；并在 Q1 和 Q2 的基极和发射极之间、集电极和发射极之间分别并联上万用表 XMM2、XMM3、XMM5 和 XMM6（双击选择直流电压模式）。

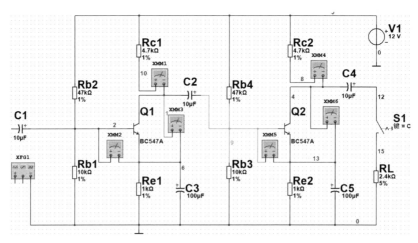

图 5-22　工作点的静态调整仿真图

b．确认线路无误后，单击仿真开关开始 Q1、Q2 放大电路静态工作点的测量。双击万用表 XMM1～XMM6 查看并将读数记录在表 5-9 中，分别记作 I_{C1}、U_{BE1}、U_{CE1}、I_{C2}、U_{BE2} 和 U_{CE2}。

表 5-9　静态工作点测试结果

集电极电流 I_{C1}	集电极电流 I_{C2}	基-射极电压 U_{BE1}	基-射极电压 U_{BE2}	集-射极电压 U_{CE1}	集-射极电压 U_{CE2}

（2）电压放大倍数的计算

a．恢复函数发生器的连线，将其幅值 U_m 设为 200μV，频率设为 1kHz；同时万用表 XMM1～XMM6 设置为合适模式，且闭合开关 S1（按键盘 C 键或鼠标单击开关 S1，控制开关闭合或断开）；在电路中添加一个四通道示波器，A 通道接输入端，B 通道接第一级放大电路输出端，C 通道接第二级放大电路输出端，如图 5-23 所示。

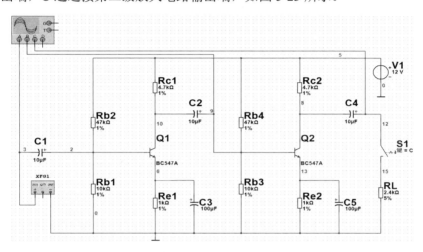

图 5-23　放大倍数测试

b．确认线路无误后，单击仿真开关开始仿真，将 XMM3 和 XMM6 的读数记录在表 5-10 中，将它们分别记作 U_{o1} 和 U_{o2}，同时观察输入、输出波形，如图 5-24 所示。

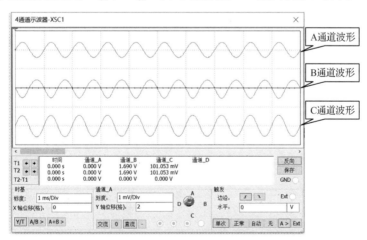

图 5-24　输入、输出波形

c．断开开关 S1，即负载开路，将 U_{o1} 和 U_{o2} 读数记录在表 5-10 中。

d. 根据表 5-10 中的数据，分别计算接入负载和未接入负载时，第一级放大电路的放大倍数、第二级放大电路的放大倍数以及该电路总的放大倍数，并记作 A_{V1}、A_{V2} 和 A_V。将计算结果记录在表 5-10 中。

表 5-10　输出电压及放大倍数

输入电压 有效值 $U_i=0.707U_m$	负载电阻 R_L	第一级放大电路		第二级放大电路		总　电　路
		输出 U_{o1}	放大倍数 $A_{V1}=U_{o1}/U_i$	输出 U_{o2}	放大倍数 $A_{V2}=U_{o2}/U_{o1}$	放大倍数 $A_V=A_{V1}A_{V2}$
	开路（∞）					
	2.4kΩ					

5.2.5　必备知识

多级放大电路

（1）组成

一般情况下，单管放大电路的放大倍数是有限的，而在实际应用中经常会出现要求放大倍数很高的情况，因此需将若干单管放大电路进行级联，组成多级放大电路以满足需求。多级放大电路框图如图 5-25 所示。

图 5-25　多级放大电路框图

a. 输入级。通常该级要求高输入电阻、低噪声。

b. 中间级。该级要求放大倍数要大，通常由若干级共发射极放大电路组成。

c. 输出级。该级要求输出一定功率，通常由功率放大电路组成。

（2）耦合方式

多级放大电路各级之间的连接方式称为耦合方式。常见的耦合方式主要有阻容耦合、变压器耦合（又称电隔离耦合、光电耦合）和直接耦合三类。

a. 阻容耦合。它是指前后级放大电路之间是通过耦合电容和下级输入电阻（或负载）进行连接的，上述仿真的多级放大电路就是采用该方式进行级联的。其优点是由于前后级放大电路是通过电容连接的，因此各级间的直流通路是相互断开的，各级的静态工作点互不影响。其缺点是不能放大缓慢变化的信号和直流信号，且采用的大电容不易集成，因此该方式常用于输入频率不太低的交流信号的分立元件放大电路中。

b. 变压器耦合。它是通过磁耦合传送交流信号，具有阻抗匹配作用、静态工作点相互独立等优点；但其因体积较大，难以集成，一般用于功率放大电路、中频调谐放大电路等分立元件放大电路中，如图 5-26 所示。

c. 直接耦合。它是将前级放大电路的输出端直接或通过电阻接到后一级放大电路的输入端，如图 5-27 所示。直接耦合方式可以传送变化缓慢的交流信号和直流信号，而且便于集成，故通常应用于集成电路中。其缺点是各级之间的直流通路相连，因而静态工作点会相互影响。此外，还应注意零点偏移的影响（零点偏移是放大电路没有外加信号时，输出端有缓慢变化的电压输出的现象）。

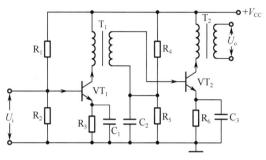

图 5-26   变压器耦合放大电路示意图

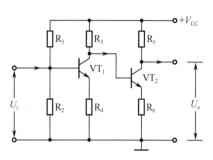

图 5-27   直接耦合放大电路示意图

（3）多级放大电路分析

a．前后级放大电路关系。前级放大电路的输出可看作后级放大电路的输入或信号源，而后级放大电路则可看作是前级放大电路的负载。

b．输入电阻。第一级放大电路的输入电阻即为多级放大电路的输入电阻。

c．放大倍数。在多级放大电路中，由于各级间是相互串联的，即前一级放大电路的输出就是后一级放大电路的输入，因此多级放大电路总的电压放大倍数是各级放大倍数的乘积，可表示为 $A_V = A_{V1} \times A_{V2} \times A_{V3} \times \cdots$。

d．输出电阻。最后一级放大电路的输出电阻即为多级放大电路的输出电阻。

（4）放大电路的幅频特性

a．通频带 B_W。理想放大电路对任何频率的放大信号都具有相同的放大倍数。而实际上只有在某一频率范围内，放大倍数才近似不变。在此范围外，频率升高或降低均会引起放大倍数减小。如图 5-28 所示为放大电路的幅频特性曲线。电压放大倍数的幅度与频率的关系曲线称为放大电路的幅频特性曲线。工程上，将放大倍数下降到最大值的 $1/\sqrt{2}$ 倍（即 0.707 倍）时，对应的低频端 f_L（下限频率）和高频端 f_H（上限频率）之间的频率范围称为通频带 B_W。

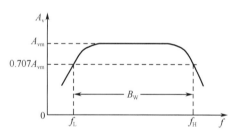

图 5-28   放大电路的幅频特性曲线

b．影响通频带的主要因素。在低频段，放大倍数的下降主要是因为极间耦合电容和射极旁路电容的容抗作用引起低频信号衰减；而在高频段，则主要是因为三极管的结电容和电路引线分布电容造成的。要提高上限频率，则应选用截止频率高的三极管，并注意元器件在电路中的安装工艺。

c．多级放大电路的通频带。它比任何一级放大电路的通频带都窄，且级联的级数越多，通频带越窄，因此为了满足多级放大电路通频带的需求，必须将各级放大电路通频带选得更宽一些。

5.2.6 任务拓展

1．多级放大电路耦合方式主要有哪些？各有哪些优缺点？

2．观察图 5-24 多级放大电路输入、输出波形，分析电压相位如何变化？

5.2.7 课后习题

1．请画出多级放大电路的组成框图。

2．在多级放大电路中，后级的输入电阻是前级的＿＿＿＿＿＿＿，多级放大电路的输入电阻等于＿＿＿＿＿＿＿的输入电阻，输出电阻则等于＿＿＿＿＿＿＿的输出电阻。

3．多级放大电路的电压放大倍数与各级放大电路电压放大倍数是什么关系？

4．放大器三种耦合方式中，前后级的静态工作点相互影响的是＿＿＿＿＿＿＿。

5．某阻容耦合共射极放大电路的实测频率特性曲线如下图所示，该放大电路的下限截止频率 $f_L=$ ＿＿＿＿＿＿，上限频率 $f_H=$ ＿＿＿＿＿＿，通频带 $B_W=$ ＿＿＿＿＿＿＿。

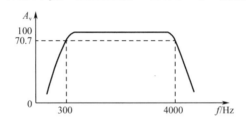

5.3 任务 3 音频功率放大器的安装与调试

5.3.1 任务目标

根据原理图、材料清单等文件，完成音频功率放大器的组装与调试。

➤ 理解音频功率放大器的工作原理。

➤ 掌握音频功率放大器的安装及调试方法。

5.3.2 所需工具和器材

所需工具和器材如表 5-11 所示。

表 5-11 所需工具和器材

类　别	名　称	数　量
工具	万用表	1
	示波器	1
	AC 220V 转双 AC 12V 变压器	1
	电烙铁	1
	镊子	1
	尖嘴钳	1
	斜口钳（剪钳）	1
器材	锡丝、松香	若干
	功率放大器套件	1

5.3.3 原理图

音频功率放大器电路原理图如图 5-29 所示。

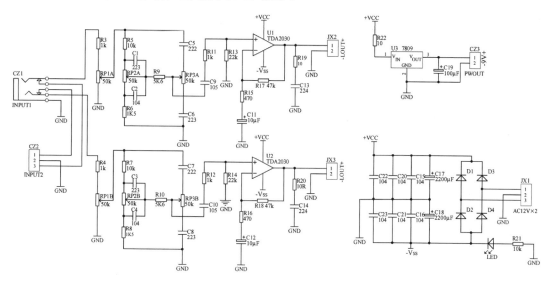

图 5-29 音频功率放大器电路原理图

5.3.4 任务步骤

1. 元器件的识别与检测

音频功率放大器套件的元器件清单如表 5-12 所示。

音频功率放大器
安装及调试

表 5-12 音频功率放大器套件的元器件清单

元器件名称	规格型号	数量	位号	备注
集成电路	插针/TDA2030	2	U1，U2	
集成电路	插针/稳压器 7809	1	U3	
整流二极管	插针/R1207	4	D1，D2，D3，D4	
发光二极管	插针/直径 3mm/红色	1	LED	
独石电容	插针/223	4	C1，C3，C6，C8	
独石电容	插针/104	8	C2，C4，C15，C16，C20，C21，C22，C23	
独石电容	插针/224	2	C13，C14	
独石电容	插针/105	2	C9，C10	
涤纶电容	插针/222J	2	C5，C7	
电解电容	插针/10μF/25V	2	C11，C12	
电解电容	插针/100μF/25V	1	C19	
电解电容	插针/2200μF/25V	2	C17，C18	

元器件名称	规 格 型 号	数 量	位 号	备 注
色环电阻	插针/0.25W/470Ω	2	R15，R16	黄紫黑黑棕
色环电阻	插针/0.25W/1kΩ	4	R3，R4，R11，R12	棕黑黑棕棕
色环电阻	插针/0.25W/1.5kΩ	2	R6，R8	棕绿黑棕棕
色环电阻	插针/0.25W/5.6kΩ	2	R9，R10	绿蓝黑棕棕
色环电阻	插针/0.25W/10kΩ	3	R5，R7，R21	棕黑黑红棕
色环电阻	插针/0.25W/22kΩ	2	R13，R14	红红黑红棕
色环电阻	插针/0.25W/47kΩ	2	R17，R18	黄紫黑红棕
色环电阻	插针/0.5W/10Ω	3	R19，R20，R22	棕黑黑金棕
2P 针座	插针/间距 2.0mm	1	CZ3	
3P 针座	插针/间距 2.0mm	1	CZ2	
2P 接线端子	插针/间距 5.08mm	2	JX2，JX3	
3P 接线端子	插针/间距 5.08mm	1	JX1	
音频插座	插针/3.5mm	1	CZ1	
双联电位器	插针/50k	3	RP1，RP2，RP3	
电位器塑料帽		3		
跳线	L=10mm	1		元器件引脚
电位器螺母+垫片		3		
散热器		1		
绝缘片+绝缘帽		2		
散热器固定自攻螺钉		2		
TDA2030 固定螺钉	M3	2		
印制电路板（PCB）	88mm×74mm×1.6mm/单面	1		

根据表 5-12 所示元器件清单，将音频功率放大器套件的元器件实物进行分类并核对数量，逐一对各元器件进行质量检测。

（1）色环电阻。识读其标称阻值，并用万用表检测其实际阻值，判断其质量好坏。

（2）双联电位器。识读其标称阻值，并用万用表检测其质量好坏。

（3）电解电容。识别其标称容量、耐压和正、负极性，并用万用表判断其质量好坏。

（4）独石电容和涤纶电容。识别其标称容量，并用万用表判断其质量好坏。

（5）二极管。使用万用表判别其正、负极性以及质量好坏。

（6）三端稳压器 7809。辨识其三个引脚对应的标号及功能。用万用表的×100Ω 挡，分别检测其输入端与输出端的正、反向电阻，正常时，阻值相差数千欧以上，若阻值相差很小或近似于 0，则说明其已损坏。

（7）音频功率放大器 TDA2030。辨识其 5 个引脚对应的标号及功能。

（8）其他。检查剩余料件外观是否受损、是否少料等。

❖ 面向三端稳压器 7809 文字标识面，其引脚标号及功能从左往右依次是：1 脚输入端、2 脚接地端、3 脚输出端。

❖ 三端稳压器 7809 输入端正向电阻是万用表红表笔接输入端（1 脚），黑表笔接地（2 脚）测得的；其反向电阻则是黑表笔接输入端（1 脚），红表笔接地（2 脚）时的阻值。同理，可测得输出端（3 脚）对地（2 脚）间的正、反向电阻阻值。

❖ 面向音频功率放大器 TDA2030 文字标识面，其引脚标号及功能从左往右依次是：1 脚正向输入端、2 脚反向输入端、3 脚负电源输入端、4 脚功率输出端、5 脚正电源输入端。

❖ 双联电位器是由两个三脚电位器组成的，使用前，两组电位器的质量均要确认。

❖ 元器件在安装前，均要进行检测，以降低返修和故障的发生概率。

2. 实物制作与调试

（1）实物制作前准备

a．安装和焊接元器件前，应对元器件进行整形，对元器件引脚和电路板焊接面进行去氧化等清洁处理。

b．准备好电烙铁、焊锡等焊接工具及器材。

（2）实物的安装和焊接

a．按图 5-29 所示原理图及表 5-12 元器件清单，在印制电路板上安装元器件，确认无误后进行焊接，如图 5-30 所示。

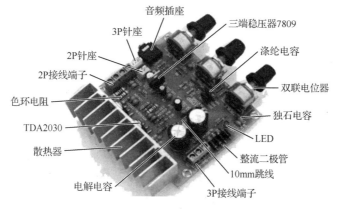

图 5-30　音频功率放大器实物图

❖ 元器件安装时，应遵循先小后大、先轻后重、先低后高、先里后外的原则。

❖ 10mm 跳线用剪下的元器件引脚直接焊接，建议其周边元器件未安装时，优先进行安装、焊接。

❖ 电阻和整流二极管卧式安装时，元器件与电路板之间应留有 1mm 左右间隙。

❖ 安装时，注意电解电容、整流二极管、发光二极管的极性方向和三端稳压器 7809、音频功率放大器 TDA2030 的引脚，不要装错。

❖ 为减少外部干扰，建议三个双联电位器的外壳用一根铜线焊接在一起并焊接到电路板上的地（GND）。

❖ 音频功率放大器 TDA2030 与散热器之间要注意做好绝缘，不能碰触与电路板相连的金属机壳或其他导体，否则会烧坏 TDA2030。

❖ 焊接 2P 和 3P 针座、2P 和 3P 接线端子以及音频插座时，注意控制焊接温度和时间，且烙铁勿碰触其塑料部分，以避免烫伤或损坏它们。

b．焊接完成后，注意检查音频功率放大器实物元器件有无错装、漏装、极性装反等情况；元器件的整形、摆放应符合要求；焊点应圆满、光滑、无锡渣、无拉尖、无虚焊、无假焊、无连焊等；用万用表检测 AC12V 输入端（即 3P 接线端子 JX1）无短路现象，TDA2030 与散热器之间的绝缘性应良好。

（3）电路调试

a．在输入接线端 JX1 接上双 12V 交流电给音频功率放大器供电。

b．通电后，用万用表直流电压挡分别测量 TDA2030 的 3 脚是否为负电，5 脚是否为正电，且注意电路是否有短路不良现象。

c．用万用表直流电压挡分别测量输出端 JX2 和 JX3 的电压，确保其电压值接近 0V 后方可外接音箱，以免烧坏音箱。

d．用示波器分别观察输入信号和输出信号的波形；分别调节音量、高音和低音电位器，观察输出波形有什么变化。

❖ 双 12V 交流电可采用交流电源输出双路 12V 交流电供电或通过 20W 以上的双 12V 变压器将 220V 市电变压为双路 12V 交流电供电。本任务以后者为例。

❖ 音频功率放大器通电前，请务必保证其放置在绝缘桌面上，保持桌面整洁无导线等杂物，以避免其因外因而发生短路等。

❖ 音频功率放大器通电后，请勿用手等直接碰触，以免发生触电。

5.3.5 必备知识

1．音频功率放大器

（1）接口说明

本任务制作的实物是双声道音频功率放大器，各接口连接说明如图 5-31 所示。其中供电方式采用双 12V 变压器或其他方式提供双路 12V 交流电到 JX1；双声道输出端 JX2、JX3 在连接喇叭或音箱前，必须用万用表确认输出电压接近 0V 后方可连接，以免喇叭或音响烧坏。

（2）工作原理

本任务制作的双声道音频功率放大器主要由高低音分别控制的衰减式音调控制电路、TDA2030 放大电路、电源供电电路以及稳压电路四部分组成。其工作原理是音频信号通过音频输入座 CZ1 或 CZ2 输入到左、右声道音调控制电路，从而得到信号 V_i（调节音量电位器可以改变输入信号 V_i 大小）。然后经过高低音控制电路作用后，经过隔直电容 C9、C10 作用阻止直流成分通过，交流部分由 TDA2030 的同相输入端（1 脚）输入，经过 TDA2030 放大后从其输出端（4 脚）输出，参见图 5-36。下面以左声道为例对各部分电路进行说明。

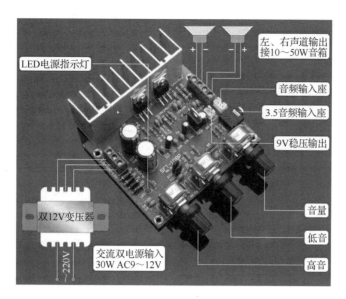

图 5-31　音频功率放大器各接口连接说明

a．电源供电电路

电源供电电路如图 5-32 所示。输入双 12V 交流电压经过 D1～D4 构成的桥式整流电路整流成直流电压，然后经过电容滤波滤除直流电压中的大部分交流成分，从而得到较平滑的直流电压 V_{CC}。

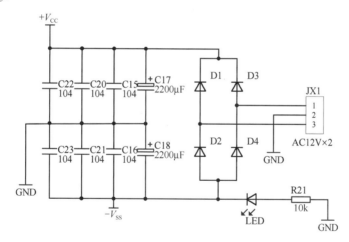

图 5-32　电源供电电路

b．音调控制电路

音调部分采用高低音分别控制的衰减式音调控制电路，如图 5-33 所示。其中，RP1A 是音量控制器，用于调节放大器的音量大小；R5、R6、C1、C2 和 RP2A 构成低音控制电路，而 C5、C6 和 RP3A 则构成高音控制电路；R9 为隔离电阻。

c．功率放大电路

功率放大电路如图 5-34 所示。其主要采用 TDA2030、R15、R17、C11 等构成同相放大器，电路放大倍数由 R17 与 R15 的比值决定，改变 R15 阻值可以改变放大倍数，阻值变小则放大倍数变大，从而输出功率会变大；C11 用于稳定 TDA2030 输出端（第 4 脚）的直流零电位的漂移，但对音质有一定的影响；R19 和 C13 构成高频移相消振电路，以抑制放大器的高频自激振荡；C9 是隔直电容，是为了防止后级的 TDA2030 的直流电对前级音调电路产生影响。

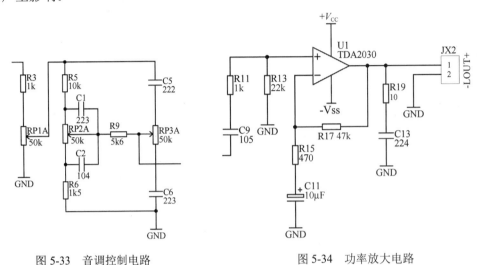

图 5-33　音调控制电路　　　　　　　　图 5-34　功率放大电路

d. 稳压电路

稳压电路是采用稳压集成电路 7809 构成的，如图 5-35 所示。将输入的 V_{CC}，经过 7809 稳压成 9V 输出，然后经过滤波电容 C19 滤波后输出到端子座 CZ3。

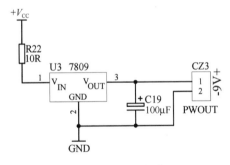

图 5-35　稳压电路

2．功放集成电路 TDA2030

TDA2030 是一款性能优良的功率放大集成电路（简称功放）。

（1）实物及引脚功能说明

不同厂家生产的 TDA2030 内部电路及参数会存在差异，但引脚位置及对应功能均相同，常采用 5 脚单列插针式塑封结构，实物及引脚功能说明如图 5-36 所示。

（2）特点及作用

TDA2030 主要有失真小、功率大、外围电路简单、开机冲击极小、内含各种保护电路（短路保护、热保护、防反接等）、保真度高等特点。它的作用主要是将输入的较微弱音频信号进行放大后，输出给喇叭或音箱，广泛应用于汽车立体声收录音机、中功率音响设备等。

引　脚	功　能	引　脚	功　能
1	同相输入端	4	输出端
2	反相输入端	5	电源正极
3	电源负极		

（a）实物　　　　　　　　　　　　　　（b）引脚功能

图 5-36　TDA2030 实物及引脚功能说明

（3）使用注意事项

a．TDA2030 具有负载泄放电压反冲保护电路，如果电源峰值电压达到 40V，则必须在 TDA2030 第 5 脚和电源之间加入 LC 滤波器和二极管限压，以保证 5 脚上的脉冲维持在规定的幅度内。

b．通常在使用时，需添加合适的散热器，以保证 TDA2030 散热良好。

c．PCB 设计时，因为线路有大电流流过，故必须考虑地线和输出端的去耦良好。

d．装配时，必须确保散热片和 TDA2030 之间是绝缘的，引线长度应尽可能短；焊接时注意控制焊接温度和时长等。

e．在进行电路设计、实物安装前，均应先通过查阅规格书等资料了解所用 TDA2030 的特点、参数等。

3．稳压集成电路 7809

三端稳压集成电路是一种能够将不稳定的直流电压变为稳定的直流电压的串联式三引脚集成电路，它有输出正电压的 78×× 系列和输出负电压的 79×× 系列，本任务中使用的是 7809 三端稳压集成电路。

（1）实物与引脚功能说明

稳压集成电路 7809 实物及引脚功能说明如图 5-37 所示。其输入电压为 11.5～25V，输出电压为 8.65～9.35V，最大负载电流 1.5A。

引　脚	功　能
1	输入端 V_{in}
2	接地端 GND
3	输出端 V_{out}

图 5-37　稳压集成电路 7809 实物及引脚功能说明

（2）特点

三端稳压集成电路 7809 是将稳压用的功率调整三极管、取样电路以及基准稳压、误差放大、启动和过压过流保护等电路集成而成的，具有体积小、性能稳定可靠、使用方便、价格低廉，输出电压固定、不可调等特点。

4．整流电路

整流电路是将交流电转变成脉动的直流电，常用的整流电路有半波整流和桥式整流电路。本任务中采用的是桥式整流电路。

（1）工作原理

桥式整流电路通常由 4 个二极管构成，如图 5-38（a）所示。其工作原理是当输入正弦交流电工作在正半周时，二极管 D_1、D_3 正偏导通，二极管 D_2、D_4 则因受到反向电压而截止。此时单向脉动电流方向为：A 端→D_1→R_L→D_3→B 端，负载 R_L 上的电流方向从上到下，其脉动电压极性为上正下负。当正弦交流电工作在负半周时，二极管 D_2、D_4 导通，D_1、D_3 则反向截止。此时单向脉动电流方向为：B 端→D_2→R_L→D_4→A 端，负载 R_L 上的脉动电压极性为仍为上正下负。其输入、输出电压波形如图 5-38（b）所示。

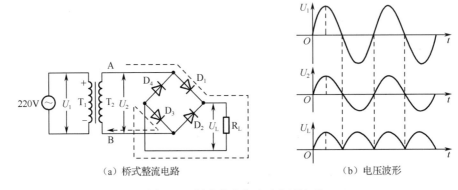

（a）桥式整流电路　　　　　　　　　（b）电压波形

图 5-38　桥式整流电路及电压波形

（2）桥式整流二极管选用

桥式整流二极管在选用时，其最高反向电压 U_{RM} 不低于输入交流电的峰值电压 $\sqrt{2}\,U_{in}$，最大整流电流 I_{FM} 不低于负载上的直流电流 I_L。桥式整流二极管在电路中，要注意极性不要接错，否则会导致二极管损坏。

5．印制电路板

印制电路板又称印制线路板，通常简称为电路板、线路板或 PCB，起支撑和互连电路元器件的作用。其应用广泛，几乎涉及所有电子整机产品，例如在消费类电子、汽车电子、工业自动化控制、通信设备、军用电子设备、航空航天电子系统等产品中均使用了印制电路板。

印制电路板分类多样，常见的主要有如下几种。

（1）按结构分主要有单面板、双面板和多层板。

a．单面板。单面板就是绝缘基板上只有一个面印制了电路，它制造简单、装配方便，但不适于组装密度高或复杂的电路。

b．双面板。双面板就是在绝缘基板的两面均印有电路。它适于一般要求的电子产品，如电子仪器仪表等。相较于单面板，其组装密度高，因此能减小产品的尺寸。

c．多层板。多层板就是在绝缘基板上印制 3 层以上电路的印制板。它是由几层较薄的单面板或双面板压合而成。

（2）按基板材料性质可分为刚性印制板和挠性印制板。

a．刚性印制板：主要有酚醛纸质层压板、环氧纸质层压板、聚酯玻璃毡层压板、环氧玻璃布层压板等。

b．挠性印制板（FPC）：是以聚酰亚胺或聚酯薄膜为基材制成的一种具有高可靠性和较高挠性的电路板，具有可弯曲、折叠、在三维空间可随意伸缩等特点，因此采用 FPC，可实现产品的轻量化、小型化、薄型化，以及元器件装置和导线连接一体化等。

5.3.6　任务拓展

1．通过示波器观察双声道音频功率放大器输出波形如何随着音量大小变化？

2．思考 TDA2030 的散热器过大或过小分别有哪些影响？

5.3.7　课后习题

1．音频功率放大器安装过程中，需要注意哪些元器件的极性/引脚方向？

2．电路板制作时，一般遵循什么原则进行元器件的安装？

3．为减少外部干扰，三个双联电位器应如何处理？

4．简述检测三端稳压器质量好坏的步骤。

5．整流电路有什么作用？它是利用二极管的什么特性实现的？桥式整流二极管在选用时应注意什么？

6．按结构划分，印制电路板有哪几类？各有什么特点？

第6章

晶闸管应用电路

本章主要通过台灯调光电路、触摸延时开关和声光双控延时开关的制作与调试，了解晶闸管在电路中的应用，理解它们的工作原理等。

📖 单元目标

技能目标

❖ 掌握晶闸管的检测方法及质量判别。

❖ 熟悉晶闸管调光电路、触摸延时开关电路和声光双控延时开关电路的工作原理及电路中各元器件的作用。

❖ 能根据电路原理图，完成实物电路的安装与调试。

知识目标

❖ 了解晶闸管的分类、特点，并掌握其工作原理。

❖ 掌握驻极体和 CD4011 的检测。

6.1 任务 1 台灯调光电路的制作与调试

6.1.1 任务目标

通过台灯调光电路的制作与调试，理解晶闸管在调光电路中的应用。

➢ 了解晶闸管的分类、特点、工作原理等，掌握晶闸管的检测方法。

➢ 根据电路原理图，完成调光电路实物图和功能调试。

6.1.2 所需工具和器材

所需工具和器材如表 6-1 所示。

表 6-1 所需工具和器材

类 别	名 称	规 格 型 号	数 量
工具	万用表		1
	电烙铁		1
	镊子		1
	尖嘴钳		1
	斜口钳（剪钳）		1
器材	锡丝、松香		若干
	调光开关套件		1
	灯泡	E27 灯头，≤40W	1
	灯座	E27 螺口	1
	两插电源线		1

6.1.3 原理图

台灯调光电路原理图如图 6-1 所示。

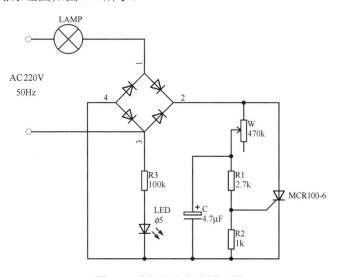

图 6-1 台灯调光电路原理图

6.1.4 任务步骤

1. 元器件的识别与检测

调光开关材料清单如表 6-2 所示。

台灯调光开关制作

表 6-2 调光开关材料清单

名　　　称	规 格 型 号	数　　量
晶闸管（可控硅）	插针/MCR100-6	1
整流二极管	插针/1N4007	4
发光二极管	插针/ϕ5mm	1
电解电容	插针/4.7μF/25V	1
色环电阻	插针/0.25W/2.7kΩ	1
色环电阻	插针/0.25W/1kΩ	1
色环电阻	插针/0.25W/100kΩ	1
电位器	470kΩ	1
导线	10mm	2
电路板	40mm×30mm/单面 FR-4	1
开关面板套件（含螺钉）		1

根据表 6-2 材料清单，核对台灯调光电路的元器件实物和数量，并逐一对各元器件进行质量检测。检测具体如下。

（1）色环电阻、电解电容、电位器、发光二极管、整流二极管均按前面介绍的方法来检测。

（2）晶闸管。辨识其引脚对应的标号及功能，并用万用表检测其质量（可参考"6.1.5 必备知识"部分）。

（3）其他。检查剩余料件外观是否受损、是否少料等。

❖ 面向晶闸管文字标识面，其引脚标号及功能从左往右依次是：1 脚阴极 K、2 脚控制极 G、3 脚阳极 A。

❖ 在本任务中，用到的调光电位器（带开关功能）正常时，其两个弯脚间最大阻值为标称阻值，随着旋钮旋转，阻值会随之发生改变。

❖ 元器件在安装前，均要进行检测，以降低返修和故障的发生概率。

2. 实物制作与调试

（1）实物制作前准备

a. 安装和焊接元器件前，应对元器件进行整形，对元器件引脚和电路板焊接面进行去氧化等清洁处理。

b. 准备好电烙铁、焊锡等焊接工具及器材。

（2）实物的安装和焊接

a. 按照图 6-1 所示在电路板上安装元器件，待确认元器件安装位置、方向正确后，再进行焊接，如图 6-2 所示。

❖ 元器件安装时，应遵循先小后大、先轻后重、先低后高、先里后外的原则。

❖ 电阻和整流二极管卧式安装时，元器件与电路板之间应留有 1mm 左右间隙。

❖ 安装时，注意电解电容、整流二极管、发光二极管和晶闸管的极性方向，不要装错。

图 6-2　调光电路元器件面实物图

b. 焊接完成后，用剪钳剪下多余的引脚，如图 6-3 所示；检查台灯调光电路实物的元器件有无错装、漏装、极性装反等情况；元器件的整形、摆放应符合要求；焊点应圆满、光滑、无锡渣、无拉尖、无虚焊、无假焊、无连焊等。

图 6-3　调光电路焊接面实物图

❖ 修剪后的元器件引脚长度不小于 2mm，但也不能过长，通常为 2～2.5mm。

❖ 电位器旋钮打开时，其开关部分两个引脚间的阻值近似为 0，即开关闭合；当阻值为无穷大时，则说明开关断开。

❖ 检查线路时，可使用万用表来检测线路是否有短路、断路等异常情况。

（3）电路调试

a. 如图 6-4 所示，接好灯泡和电源线，确保连接牢固并做好绝缘处理（可采用电工胶带或热缩管）。

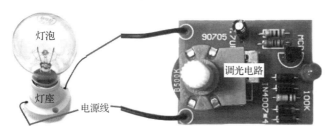

图 6-4　调光电路连接示意图

b. 将电源插头插到 AC 220V 电源插座上，通电后，调节电位器旋钮，观察灯泡是否达到调光效果。

c. 用万用表欧姆挡分别测量不同亮度下的电位器阻值（注意断电后再测量），并判断亮度与阻值的关系。

❖ ❖ 因为此任务中供电电压为 220V 交流电，所以在调试时，要注意通电状态下，切勿用身体任何部位去直接触碰电路（电位器转柄除外），以防发生触电。

❖ 通电前，请确保桌面整洁干净，以防通电后由于外因而导致电路发生短路。

（4）成品组装

调光电路调试完成后，将调光电路装到开关面板套件中，完成调光开关成品，如图 6-5 所示。

（a）正面 　　　　　　　　　　　（b）背面

图 6-5　调光开光成品

6.1.5　必备知识

1. 台灯调光电路工作原理

如图 6-1 所示，其中 R1、R2 及电容 C 构成触发电路，4 个 1N4007 二极管构成全桥整流电路，W 是调光电位器，LAMP 是灯泡，MCR100-6 是小功率单向晶闸管。

接通电源，220V 交流电经二极管全桥整流电路整流后，输出脉动的直流电，一路流向电位器 W 和触发电路，为晶闸管控制极提供触发信号；一路则流向晶闸管阳极，为晶闸管提供正向电压，实现晶闸管的导通。通过调整电位器 W 的阻值，会改变电容 C 的充放电时间，从而改变晶闸管的触发角，以实现灯泡 LAMP 的调光。调光电位器 W 的阻值越小，则灯泡越亮。

2. 晶闸管介绍

晶闸管又称可控硅整流器（SCR），简称可控硅，是一种大功率开关器件，能在弱电流的作用下控制大电流的流通。晶闸管有单向晶闸管、双向晶闸管等类型，本任务仅介绍单向晶闸管。

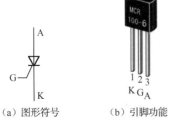

（a）图形符号　　　（b）引脚功能

图 6-6　单向晶闸管图形
符号和引脚功能

（1）图形符号及引脚功能说明

晶闸管的符号常用 VT 表示，单向晶闸管图形符号和引脚功能如图 6-6 所示，其中，K 表示阴极，G 表示控制极，A 表示阳极。实际使用中，晶闸管引脚标号和功能，以其相应资料上规定的为准。

（2）晶闸管的作用

晶闸管主要应用于整流、逆变、无触点开关、变频、调压、调速、调光、调温等方面。本任务中的调光开关就是通过控制晶闸管的导通时间来改变负载上交流电压的大小，从而对灯具进行调光。

（3）晶闸管导通条件

晶闸管导通必须同时符合如下两个条件。

a．晶闸管的阳极和阴极之间需施加正向电压。

b．晶闸管控制极电路需施加适当的正触发脉冲信号。

（4）晶闸管的检测

a．触发能力检测。对于小功率晶闸管，可将万用表挡位旋钮调至×1Ω挡，万用表黑表笔接阳极 A，红表笔接阴极 K，正常时测得的阻值应为无穷大。保持红、黑表笔不动，用镊子或导线将晶闸管的阳极 A 和控制极 G 短路，相当于给 G 极加上正向触发电压，此时若电阻值为几欧姆至几十欧姆，则表明晶闸管因正向触发而导通。重新断开 A 极和 G 极的连接，如果万用表读数仍保持在几欧姆至几十欧姆的位置不动，则说明此晶闸管的触发性能良好。

b．质量判别。用万用表×1kΩ挡测量晶闸管阳极 A 和阴极 K 之间的正、反向电阻，正常时二者均应为无穷大；若测得 A 与 K 正、反向电阻值为 0 或均较小，则说明晶闸管内部击穿短路或漏电。测量控制极 G 与阴极 K 之间的正、反向电阻值，正常时应有类似二极管的正、反向电阻值；若两次测量的阻值均很大或很小，则说明晶闸管 G、K 极间开路或短路；若正、反向电阻值均相等或相近，则说明该晶闸管已失效，其 G、K 极间 PN 结已失去单向导电作用。测量 A、G 极间的正、反向电阻，正常时，两个阻值均应为几百 kΩ 或无穷大，若出现正、反向电阻值不一样的情况，则说明 G、A 极间反向串联的两个 PN 结中的一个已经击穿短路。

（5）主要参数

a．正向重复峰值电压 U_{DRM}，指在控制极断路和晶闸管正向阻断的条件下，可以重复加在晶闸管两端的正向峰值电压。

b．反向重复峰值电压 U_{RRM}，指控制极断路时，可以重复加在晶闸管上的反向峰值电压。

c．维持电流 I_H，指在规定的环境温度和控制极断路时，维持器件继续导通的最小电流。当晶闸管的正向电流小于该电流时，晶闸管将自动关断。

d．通态平均电流 I_T，指在环境不超过 40℃和标准的散热条件下，可以连续通过 50Hz 正弦波电流的平均值。

（6）注意事项

a．选用晶闸管额定电压时，应参考实际工作条件下的峰值电压大小，并留出一定的余量。

b．选用晶闸管额定电流时，除考虑平均电流外，还要考虑散热等因素。在实际使用中，管壳温度不能超过相应电流下的允许值。

c．要防止晶闸管控制极的正向过载和反向击穿。

（7）MCR100-6 介绍

MCR100-6 是现在常用的小功率单向晶闸管，常在调光台灯和声光控开关中使用。该晶闸管的最大工作电流为 1A，耐压值为 400V，触发电流只有数十微安，封装为 TO-92。此外，它还可用于继电器与灯控制、小型电动机控制、较大晶闸管的门极驱动、传感与检测电路等。

6.1.6 任务拓展

1．晶闸管导通后，撤掉触发信号，请问此时晶闸管是否导通？
2．晶闸管的导通条件是什么？
3．灯泡亮时，晶闸管 MCR 的 A、K 间电压是多少？

6.1.7 课后习题

1．画出单向晶闸管的图形符号、外形示意图，并标出各电极极性。
2．简述单向晶闸管的检测方法。
3．单向晶闸管的主要参数有哪些？
4．选用单向晶闸管时，有哪些注意事项？

6.2 任务 2 触摸延时开关的制作与调试

6.2.1 任务目标

通过触摸延时开关的设计与制作，学习电路元器件功能及工作原理。

➢ 学习触摸延时开关电路的工作原理以及相关元器件的作用。
➢ 掌握触摸延时开关电路的安装、焊接及调试。
➢ 熟悉集成电路 CD4011 的引脚功能和真值表等。

6.2.2 所需工具和器材

所需工具和器材如表 6-3 所示。

表 6-3　所需工具和器材

类　别	名　称	规 格 型 号	数　量
工具	万用表		1
	电烙铁		1
	镊子		1
	尖嘴钳		1
	斜口钳（剪钳）		1
器材	锡丝、松香		若干
	触摸延时开关套件		1
	灯泡	E27 灯头，≤40W	1
	灯座	E27 螺口	1
	两插电源线		1

6.2.3 原理图

触摸延时开关电路原理图如图 6-7 所示。

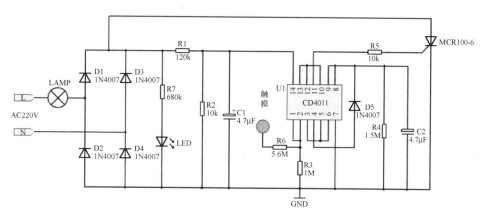

图 6-7　触摸延时开关电路原理图

6.2.4　任务步骤

1. 元器件的识别与检测

触摸延时开关材料清单如表 6-4 所示。

触摸延时开关制作

表 6-4　触摸延时开关材料清单

名　称	规　格　型　号	数　量	位　号
集成电路	插针/CD4011	1	IC1
晶闸管	插针/MCR100-6	1	Q1
整流二极管	插针/1N4007	5	D1～D5
发光二极管	插针/ϕ3mm	1	LED
电解电容	插针/4.7μF/25V	2	C1，C2
色环电阻	插针/0.25W/120kΩ	1	R1
色环电阻	插针/0.25W/680kΩ	1	R7
色环电阻	插针/0.25W/1MΩ	1	R3
色环电阻	插针/0.25W/1.5MΩ	1	R4
色环电阻	插针/0.25W/10kΩ	2	R2，R5
色环电阻	插针/0.25W/5.6MΩ	1	R6
电路板	42mm×40mm/单面板	1	
导线		2	
触摸延时开关面板套件		1	

根据表 6-4 所示材料清单，核对触摸延时开关电路的元器件实物和数量，并逐一对各元器件进行质量检测。

2. 实物制作与调试

（1）实物制作前准备

a. 安装和焊接元器件前，应对元器件进行整形，对元器件引脚和电路板焊接面进行去氧化等清洁处理。

b．准备好电烙铁、焊锡等焊接工具及器材。

（2）实物的安装和焊接

a．按图6-7所示原理图和表6-4所示材料清单，在触摸延时开关电路板上安装元器件，并在确认无误后进行焊接，如图6-8所示。

图6-8　触摸延时开关电路元器件面实物图

💡 ❖ 安装时，注意电解电容、整流二极管、发光二极管的极性和晶闸管、集成电路CD4011引脚的方向，不要装错。

b．焊接完成后，用剪钳剪下多余的引脚，并对焊点进行质量检查，如图6-9所示。

（3）电路调试

a．如图6-10所示，接好灯泡和电源线，确保连接处牢固且绝缘。

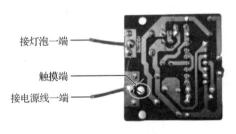

图6-9　触摸延时开关电路焊接面实物图

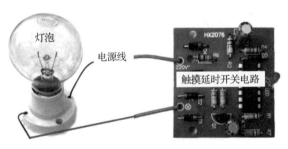

图6-10　触摸延时开关电路连接示意图

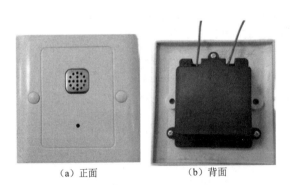

（a）正面　　　　（b）背面

图6-11　触摸延时开关成品

b．正常通电后，灯泡不亮；当用手触碰一下触摸端时，灯泡点亮，并维持一段时间后灯泡熄灭，实现触摸延时开关功能。若通电后不能正常工作，请检查线路是否焊接无误、元器件是否损坏等。

（4）成品组装

触摸延时开关电路调试完成后，将其装到开关面板套件中，完成触摸延时开关成品，如图6-11所示。安装时，注意应将R6电阻另一端引脚与触摸片连接，并固定电路板。

6.2.5　必备知识

1. 集成电路 CD4011

集成电路 CD4011 内部由 4 个独立的二输入与非门单元电路构成，是应用广泛的数字集成电路之一。与非门的逻辑功能是输入端为全"1"时（即高电平），输出端为"0"（即低电平）；输入端只要有"0"，输出端就为"1"。

> 💡 ❖ 逻辑门电路由半导体开关元器件等组成，其种类很多，基本的逻辑门电路有非门、与门和或门，由这 3 种基本门电路则可组合出多种复合门。本任务中使用的集成电路 CD4011 中的 4 个二输入与非门就属于复合逻辑门电路，它是由与门串接非门构成的。

（1）引脚功能及与非门图形符号

如图 6-12（a）所示为集成电路 CD4011 引脚功能示意图，其中 7 脚 Vss 为供电负极，14 脚 Vdd 为供电正极，剩下的引脚为 4 组与非门的输入、输出端。与非门的图形符号如图 6-12（b）所示。

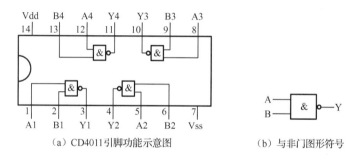

（a）CD4011引脚功能示意图　　　　（b）与非门图形符号

图 6-12　CD4011 引脚功能示意图及与非门图形符号

（2）真值表

如表 6-5 所示为集成电路 CD4011 真值表。

表 6-5　CD4011 真值表

输入端 A	输入端 B	输出端 Y
0	0	1
0	1	1
1	0	1
1	1	0

2. 触摸延时开关电路工作原理

如图 6-7 所示，该电路以集成电路 CD4011 为核心，由 4 个二极管 D1～D4 构成的桥式整流电路与单向晶闸管 MCR100-6 等元器件共同构成。其电路简单，工作稳定可靠，适用于楼道、卫生间等公共区域的照明控制。该电路的工作原理如下。

输入的 220V 交流电经过二极管构成的全桥整流电路整流后，输出高达 200V 的脉动直流电，经过电阻 R1 和 R2 分压，再通过电容 C1 滤波后，输出稳定的直流电，为集成电路

CD4011 供电，电路中的 LED 起指示作用。

  将 CD4011 内的 4 个与非门的 2 个输入端短接，构成 4 个非门电路。平时无触摸信号时，CD4011 的 1、2 脚经电阻 R3 接地而输出高电平，从而 11 脚输出低电平，晶闸管 MCR100-6 不导通，灯泡不亮。当用手触碰触摸端时，其形成的感应交流电信号经过电阻 R6 降压后施加在 CD4011 的 1、2 脚。在交流电正半周时，1、2 脚为高电平，此时 3 脚为低电平，4 脚则变为高电平，并通过开关二极管 D5 向定时电容器 C2 充电，使得 8 脚为高电平，此时 10 脚为低电平，而 11 脚为高电平，并通过电阻 R5 施加在单向晶闸管控制极上，触发晶闸管 MCR100-6 导通，此时灯泡 LAMP 点亮。当人手移开后，4 脚恢复为低电平，此时电容 C2 充电电荷通过定时电阻 R4 逐渐放电，当电压下降到低于 CD4011 门开启电压时，10 脚变为高电平，11 脚则为低电平，此时单向晶闸管关断，灯泡熄灭。其中，通过改变电容 C2 的电容值，可以改变延时时间。电容值越大，则延时时间越长；反之，延时时间越短。

6.2.6　任务拓展

  1．如何改变触摸延时开关的延时时间长短？
  2．集成电路 CD4011 如何连接，可以实现非门的效果？

6.2.7　课后习题

  1．简述逻辑门电路——与非门的逻辑功能。
  2．写出集成电路 CD4011 的真值表。
  3．简述触摸延时开关的工作原理。

6.3　任务 3　声光双控延时开关的制作与调试

6.3.1　任务目标

通过声光双控开关的设计与制作，学习电路元器件功能及工作原理。
➢ 学习声光双控延时开关电路工作原理以及相关元器件的作用。
➢ 掌握声光双控延时开关电路的安装、焊接及调试。
➢ 掌握光敏电阻、驻极体的检验方法。

6.3.2　所需工具和器材

所需工具和器材如表 6-6 所示。

声光双控延时
开关制作

表 6-6　所需工具和器材

类　别	名　称	规 格 型 号	数　量
工具	万用表		1
	电烙铁		1
	镊子		1
	尖嘴钳		1

续表

类　别	名　　称	规 格 型 号	数　量
工具	斜口钳（剪钳）		1
器材	锡丝、松香		若干
	声光双控延时开关套件		1
	灯泡	E27 灯头，≤40W	1
	两插电源线		1

6.3.3　原理图

声光双控延时开关电路原理图如图 6-13 所示。

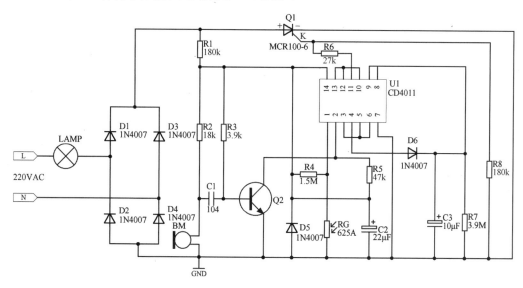

图 6-13　声光双控延时开关电路原理图

6.3.4　任务步骤

1．元器件的识别与检测

声光双控延时开关材料清单如表 6-7 所示。

表 6-7　声光双控延时开关材料清单

名　　称	规 格 型 号	数　量	位　号
集成电路	插针/CD4011	1	IC
晶闸管	插针/MCR100-6	1	Q1
三极管	插针/9014	1	Q2
整流二极管	插针/1N4007	6	D1～D6
光敏电阻	插针/625A	1	RG
驻极体	插针/54±2dB	1	BM

名　　称	规 格 型 号	数　　量	位　号
瓷片电容	插针/104(100nF)	1	C1
电解电容	插针/22μF/25V	1	C2
电解电容	插针/10μF/25V	1	C3
色环电阻	插针/0.25W/18kΩ	1	R2
色环电阻	插针/0.25W/27kΩ	1	R6
色环电阻	插针/0.25W/47kΩ	1	R5
色环电阻	插针/0.25W/1.5MΩ	1	R4
色环电阻	插针/0.25W/3.9MΩ	2	R3，R7
色环电阻	插针/0.25W/180kΩ	2	R1，R8
导线	不同颜色	2	
电路板	43mm×40mm/单面板	1	
五金螺口件		1	
异形垫圈、磷铜簧片		1	
平灯座+圆盖板		1	
小焊片	ϕ3.2mm	2	
自攻螺钉	ϕ3mm×8mm	2	
元机螺钉	ϕ3mm×8mm	2	
螺帽	M3	2	

根据表 6-7 所示材料清单，核对声光双控延时开关电路的元器件实物和数量，并逐一对各元器件进行质量检测。其中，驻极体可用万用表×100Ω 挡将红表笔接外壳的引脚，黑表笔接另外一个引脚，然后用口对着驻极体吹气，若表针有摆动，说明驻极体正常，摆动越大则灵敏度越高。

2．实物制作与调试

（1）实物制作前准备

a．安装和焊接元器件前，应对元器件进行整形，对元器件引脚和电路板焊接面进行去氧化等清洁处理。

b．准备好电烙铁、焊锡等焊接工具及器材。

（2）实物的安装和焊接

a．驻极体引脚焊接。用元器件引脚或导线引出驻极体的引脚，以便安装到电路板上，如图 6-14 所示。

b．按图 6-13 所示在电路板上安装元器件，并确认无误后进行焊接，如图 6-15 所示。

❖ 安装时，注意电解电容、整流二极管、驻极体的极性和三极管、晶闸管、集成电路 CD4011 引脚方向，不要装错。

❖ 注意将光敏电阻正面朝上。

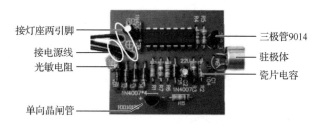

图 6-14　驻极体引脚引出　　　　图 6-15　声光双控延时开关电路元器件面实物图

c. 焊接完成后，用剪钳剪下多余引脚，并对焊点进行质量检查，如图 6-16 所示。

（3）安装与调试

a. 螺口灯座安装。如图 6-17 所示，组装好螺口灯座，其中五金螺口件、异型弹簧和小焊片均用元机螺钉固定。

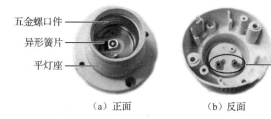

（a）正面　　　（b）反面

图 6-16　声光双控延时开关电路焊接面实物图　　　图 6-17　螺口灯座安装效果图

b. 电路板安装与调试。先将声光双控延时开关电路板上接灯泡的两条线分别焊接到两个小焊片上，而接电源线的两条线则引出灯座，并将电路板安装到灯座内部，如图 6-18（a）所示。然后，如图 6-18（b）所示装上灯泡并通电，通过控制声音和光线的变化，观察灯泡亮、灭情况。

（4）声光双控延时开关成品组装

电路调试完成后，盖上圆盖板，完成声光双控延时开关成品，如图 6-19 所示。

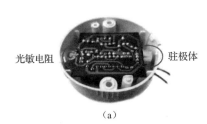

（a）　　　　　　（b）

图 6-18　声光双控开关电路连接示意图　　　图 6-19　声光双控延时开关成品

6.3.5　必备知识

下面介绍声光双控延时开关电路工作原理。

声光双控延时开关实现的功能是：在白天或光线较强的场合，无论有多大的声音，灯泡均不会点亮；而在晚上或光线较暗时，如果有脚步声、说话声等声音，则灯泡会自动点亮，并持续一段时间，然后灯泡会自动熄灭。

由图 6-13 可知，220V 交流电经过桥式整流电路整流成脉动的直流电，再经电阻 R1、R2 分压，电容 C1 滤波后给集成电路 U1 供电。

光敏电阻 RG 在白天或光线较强时，其阻值较小，此时集成电路 U1 的 1 脚（与非门输入端 A1）呈低电平状态。根据与非门的特点，无论 2 脚（与非门输入端 B1）是高电平还是低电平，即无论驻极体话筒 BM 是否有声音信号输入，3 脚（与非门输出端 Y1）均输出高电平。经过其余三个与非门三次缓冲、反相后，U1 的 11 脚（与非门输出端 Y4）输出为低电平，因此晶闸管 Q1 的控制极无触发信号而不导通，此时灯泡不亮。

当夜晚无光或光线较暗时，光敏电阻 RG 阻值很大，此时 1 脚呈高电平。当有声音信号经驻极体话筒 BM 接收并转换成电信号后，通过电容 C1 耦合到三极管 Q2 的基极，经三极管进行电压放大并送入 U1 的 2 脚，则 2 脚呈高电平状态，此时 3 脚输出低电平，而 11 脚输出高电平，晶闸管触发导通，灯泡点亮。当声音消失后，三极管 Q2 恢复饱和导通状态，1 脚变为低电平，3 脚输出高电平，经反相作用后 4 脚变为低电平，二极管 D6 截止，电解电容 C3 只能通过电阻 R7 缓慢放电，使得 8 脚、9 脚维持高电平，从而 11 脚也维持高电平输出给晶闸管控制极，灯泡继续点亮；当 C3 两端电压随着放电的持续下降到低电平时，8 脚、9 脚变为低电平，从而 11 脚也变为低电平，灯泡熄灭，实现了开关的延时。开关延时时间由电容 C3 和电阻 R7 决定，改变电容 C3 的容量或电阻 R7 的阻值，可以改变延时的时间。电容越大或阻值越大，延时时间越长。

6.3.6　任务拓展

1．尝试改变环境光，对着驻极体 BM 发声，观察灯泡的变化，并用万用表测量光敏电阻和驻极体两端的电压变化。

2．尝试将电容 C3 的容量变大或变小，观察开关的延时时间随之发生什么变化。

6.3.7　课后习题

1．如何检测驻极体的质量好坏？

2．灯泡从点亮到熄灭的时间长短（即延时时长）由什么决定？

3．简述声光双控延时开关的工作原理。

第7章

数码显示电路应用

本章主要通过数码八路抢答器和数字万年历的制作与调试，了解它们的工作原理，熟悉数码管等元器件特点，掌握电路图的识图方法、实物的安装与焊接等。

📖 单元目标

技能目标

❖ 掌握电路图的识图方法。
❖ 能根据电路原理图，在电路板上完成实物电路的安装与调试。

知识目标

❖ 掌握数码管的特点、工作原理等。
❖ 掌握集成电路 CD4511 的引脚功能。
❖ 了解数码八路抢答器和数字万年历的工作原理。

7.1 任务 1 数码八路抢答器的制作与调试

7.1.1 任务目标

通过数码八路抢答器的制作，了解其工作原理以及数码显示电路的应用。

➢ 了解数码八路抢答器的工作原理。
➢ 学会根据数码八路抢答器的电路原理图，完成实物安装。
➢ 掌握数码八路抢答器电路调试方法。

7.1.2　所需工具和器材

所需工具和器材如表 7-1 所示。

表 7-1　所需工具和器材

类　别	名　称	规　格　型　号	数　量
工具	万用表		1
	电烙铁		1
	镊子		1
	尖嘴钳		1
	斜口钳（剪钳）		1
器材	锡丝、松香		若干
	抢答器套件	数码/八路	1
	电池盒	5#/4 节	1

7.1.3　原理图

数码八路抢答器电路原理图如图 7-1 所示。

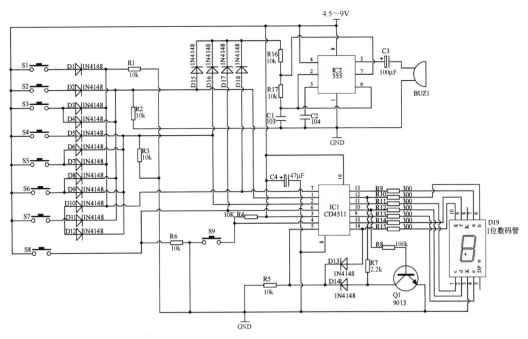

图 7-1　数码八路抢答器电路原理图

7.1.4　任务步骤

1．元器件的识别与检测

数码八路抢答器材料清单如表 7-2 所示。

八路数码抢答器制作

表 7-2　数码八路抢答器材料清单

名　称	规　格　型　号	数　量	位　号
集成电路（含座子）	CD4511	1	IC1
集成电路（含座子）	555	1	IC2
数码管	0.5in/共阴，5011AH	1	D19
扬声器	12mm	1	BUZ1
瓷片电容	插针/103	1	C1
瓷片电容	插针/104	1	C2
电解电容	插针/100μF/16V	1	C3
电解电容	插针/47μF16V	1	C4
三极管	插针/9013	1	Q1
色环电阻	插针/0.25W/10kΩ	8	R1～R6，R16，R17
色环电阻	插针/0.25W/2.2kΩ	1	R7
色环电阻	插针/0.25W/100kΩ	1	R8
色环电阻	插针/0.25W/300Ω	7	R9～R15
按键	6mm×6mm×5mm	9	S1～S9
二极管	插针/1N4148	18	D1～D18
电路板	单面/绿色	1	
导线	红色，黑色	1，1	

根据表 7-2 所示材料清单，核对数码八路抢答器的元器件实物的数量，并逐一对各元器件进行质量检测。

（1）数码管。识别各引脚对应标号及功能，其检查方法可参考 7.1.5 节必备知识部分。

（2）微动开关。用万用表检测其正常状态：按下时开关导通，松开时开关断开。

（3）其他。检查剩余料件外观是否受损、是否少料等。

2．实物制作与调试

（1）实物制作前准备

a．安装和焊接元器件前，应对元器件进行整形，对元器件引脚和电路板焊接面进行去氧化等清洁处理。

b．准备好电烙铁、焊锡等焊接工具及器件。

（2）实物的安装和焊接

a．按照如图 7-1 所示在电路板上安装元器件，并确认无误后进行焊接，如图 7-2所示。

图 7-2　数码八路抢答器实物图

💡 ❖ 安装时，注意电解电容、二极管、蜂鸣器的极性和集成电路 555、集成电路 CD4511和数码管引脚，不要装错。

b. 焊接完成后，剪下多余引脚，如图 7-3 所示；检查数码八路抢答器的元器件有无错装、漏装、极性装反等情况；元器件的整形、摆放应符合要求；焊点应圆满、光滑、无锡渣、无拉尖、无虚焊、无假焊、无连焊等；用万用表检测线路，确保线路焊接无误。

（3）电路调试

a. 通电后（输入直流为 4.5～9V），数码管应发光并显示"0"，如图 7-4 所示。

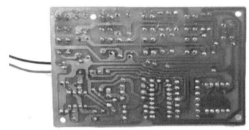

图 7-3　数码八路抢答器实物焊接面　　图 7-4　数码八路抢答器通电效果

b. 抢答按键、锁存及显示电路检验。按键 S1～S8 中任意一路抢答成功，数码管会显示抢答按键的顺序，同时扬声器会发出响声，此时按其他 7 路的按键均无效，直到复位按键 S9 按下，数码管恢复"0"，进入新一轮的抢答。例如，S1 抢答成功，则数码管上显示"1"，以此类推。

7.1.5　必备知识

1．CD4511 介绍

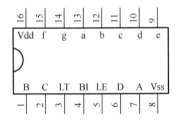

图 7-5　CD4511 引脚示意图

CD4511 是常用的七段显示译码驱动器，是一款集锁存、译码、驱动电路于一体的集成电路，特点是具有 BCD 转换、消隐和锁存控制、七段译码及驱动功能的 CMOS 电路，它的输出电流大，最大可达 25mA，可直接驱动 LED 数码管。

（1）CD4511 引脚功能说明

CD4511 引脚示意图如图 7-5 所示，其引脚功能如表 7-3 所示。

表 7-3　CD4511 引脚功能

引　脚	标　号	功　能
1，2，6，7	B，C，D，A	BCD 码输入端
3	LT	测试输入端，主要用于检测数码管是否损坏。当 BI=1，LT=0 时，译码输出全为 1，无论输入端 A、B、C、D 状态如何，七段数码管均发亮，显示"8"
4	BI	消隐输入控制端。当 BI=0 时，无论其他输入端状态如何，七段数码管均处于熄灭（消隐）状态
5	LE	锁存控制端。当 LE=0 时，允许译码输出；当 LE 由 0 变 1 时，输出端保持 LE 为 0 时的显示状态
8	Vss	电源负极

引 脚	标 号	功 能
9～15	a, b, c, d, e, f, g	译码输出端，输出高电平有效
16	Vdd	电源正极

（2）CD4511 真值表

CD4511 真值表如表 7-4 所示。

表 7-4 CD4511 真值表

输　入							输　出							
LE	BI	LT	D	C	B	A	a	b	c	d	e	f	g	显示
X	X	0	X	X	X	X	1	1	1	1	1	1	1	8
X	0	1	X	X	X	X	0	0	0	0	0	0	0	熄灭
0	1	1	0	0	0	0	1	1	1	1	1	1	0	0
0	1	1	0	0	0	1	0	1	1	0	0	0	0	1
0	1	1	0	0	1	0	1	1	0	1	1	0	1	2
0	1	1	0	0	1	1	1	1	1	1	0	0	1	3
0	1	1	0	1	0	0	0	1	1	0	0	1	1	4
0	1	1	0	1	0	1	1	0	1	1	0	1	1	5
0	1	1	0	1	1	0	0	0	1	1	1	1	1	6
0	1	1	0	1	1	1	1	1	1	0	0	0	0	7
0	1	1	1	0	0	0	1	1	1	1	1	1	1	8
0	1	1	1	0	0	1	1	1	1	0	0	1	1	9
0	1	1	1	0	1	0	0	0	0	0	0	0	0	熄灭
0	1	1	1	0	1	1	0	0	0	0	0	0	0	熄灭
0	1	1	1	1	0	0	0	0	0	0	0	0	0	熄灭
0	1	1	1	1	0	1	0	0	0	0	0	0	0	熄灭
0	1	1	1	1	1	0	0	0	0	0	0	0	0	熄灭
0	1	1	1	1	1	1	0	0	0	0	0	0	0	熄灭
1	1	1	X	X	X	X	锁存							锁存

注：X 代表任意状态。

2. 集成电路 555 介绍

集成电路 555 是一种数字电路与模拟电路相结合的中规模集成电路，是一种产生时间延迟和多种脉冲的电路，因输入端设计有 3 个 5kΩ 的电阻而得名。它通过不同的外部连接，可以构成单稳态触发器、多谐振荡器、延时定时器、脉冲发生器、锯齿波发生器、脉冲调制器等，广泛应用于电子控制、电子检测、仪器仪表、家用电器、音响报警、电子玩具等方面。

（1）实物及引脚功能

a．常见的集成电路 555 的封装有 8 脚双列插针式封装和 SOP-8 贴片式封装，如图 7-6 所示。

b．集成电路 555 的引脚排列如图 7-7 所示，引脚功能如表 7-5 所示。

（a）插针式　　　　　（b）贴片式

图 7-6　集成电路 555 实物图

图 7-7　集成电路 555 引脚排列

表 7-5　集成电路 555 引脚功能

引　脚	功　　能
1	外接电源负极或接地，一般情况下接地
2	触发端，电压小于 $\frac{1}{3}V_{cc}$ 时有效
3	输出端
4	清零端或复位端，高电平有效。当其接低电平时，则 555 不工作，此时不论 2、6 引脚处于何电平，555 输出均为"0"
5	控制电压端。若其外接电压，则可改变内部两个比较器的基准电压；当其不用时，应在该引脚串入一个 0.01μF 瓷片电容后接地，以防引入高频干扰
6	阈值输入端，电压大于 $\frac{2}{3}V_{cc}$ 时有效
7	放电端。其与开关管的集电极相连
8	外接电源正极。TTL 型为 4.5～16V，CMOS 型为 3～18V，一般用 5V

（2）内部结构

集成电路 555 内部主要包含两个电压比较器、三个 5kΩ 等值串联电阻、两个与非门 G1 和 G2 构成的基本 RS 触发器、一个开关管 T_D 及反向器 G4 构成的输出缓冲器等，如图 7-8 所示。

集成电路 555 的功能主要由两个比较器决定。两个比较器的输出电压控制 RS 触发器和开关管 T_D 的状态。在电源与地之间加上电压，当 5 脚悬空时，则电压比较器 C1 的同相输入端的电压为 $(2/3)V_{CC}$，C2 反相输入端的电压为 $(1/3)V_{CC}$。若阈值输入端的电压小于 $(2/3)V_{CC}$，触发输入端的电压小于 $(1/3)V_{CC}$，则比较器 C1 输出高电平"1"。比较器 C2 输出低电平"0"，可使 RS 触发器置"1"，此时输出端为"1"，即输出高电平，同时开关管 T_D 处于截止状态。如果阈值输入端的电压大于 $(2/3)V_{CC}$，触发端的电压大于 $(1/3)V_{CC}$，则 C1 输出为"0"，C2 输出为"1"，可将 RS 触发器置"0"，使输出端为"0"，即输出低电平，同时开关管 T_D 处于饱和状态。如果阈值输入端的电压小于 $(2/3)V_{CC}$，触发端的电压大于 $(1/3)V_{CC}$，则 C1 和 C2 均输出"1"，此时 RS 触发器、输出端和开关管均保持原状态不变。因此，当 8 脚接电源正极、1 脚接地、5 脚悬空时，集成电路 555 的真值表如表 7-6 所示。

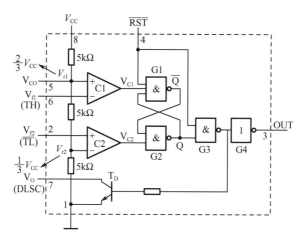

图 7-8　集成电路 555 内部电路

表 7-6　集成电路 555 真值表

输　　入			输　　出		
4 脚	2 脚	6 脚	开关管 T_D	7 脚	3 脚
0	×	×	导通	接地（"0"）	直接清零
1	< (1/3) V_{CC}	< (2/3) V_{CC}	截止	断开（高阻）	置"1"
1	> (1/3) V_{CC}	> (2/3) V_{CC}	导通	接地（"0"）	置"0"
1	> (1/3) V_{CC}	< (2/3) V_{CC}	不变	不变	不变

（3）特点

a. 将模拟与逻辑功能融为一体，能够产生较为精确的时间延迟和振荡。

b. 采用单电源。TTL 型集成电路 555 的电压范围通常为 DC 4.5～16V，而 CMOS 型集成电路 555 的电压范围则通常为 DC 3～18V，因而其输出可与 TTL、CMOS 或模拟电路电源兼容。

c. 集成电路 555 可以独立构成一个定时电路，且定时精度较高。

d. 集成电路 555 的最大输出电流（双极型）可达 200mA，带负载能力强，可直接驱动小型电动机、喇叭、小继电器等负载。

3．LED 数码管介绍

数码管是一种半导体发光器件，其基本单元是发光二极管。它是由多个发光二极管按一定图形排列，并封装在一起的数码显示器件。LED 数码管种类很多，这里仅介绍最常用的小型"8"字形 LED 数码管的分类、引脚排列及作用。

（1）分类

a. 按 LED 的接法可分为共阳极数码管和共阴极数码管。共阳极即将多个 LED 的阳极连接在一起，而共阴极则是将多个 LED 的阴极连接在一起。共阳极和共阴极数码管内部结构示意图如图 7-9 所示。

b．按段数分可分为七段数码管和八段数码管。区别在于八段数码管多了一个小数点显示。

c．按"8"显示位数可分为 1 位、2 位、3 位、4 位等数码管，如图 7-10 所示。

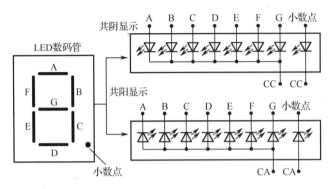

图 7-9　共阳极和共阴极数码管内部结构示意图

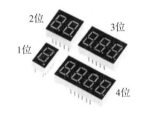

图 7-10　不同位数数码管示意图

（2）实物及引脚标号示意图

数码管实物及引脚标号示意图如图 7-11 所示。

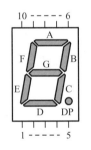

引脚	含义	引脚	含义
1	E	6	B
2	D	7	A
3	COM	8	COM
4	C	9	F
5	DP	10	G

图 7-11　数码管实物及引脚标号示意图

（3）作用

数码管是一种显示屏，可以用来显示时间、日期、温度等。由于它价格便宜、使用简单，因此在电器特别是家电领域应用极为广泛，如空调、热水器、冰箱等。

（4）检测

以共阴极数码管为例。首先，将指针万用表挡位旋钮拨至×10kΩ 挡；然后，将万用表红表笔接数码管的公共端 COM，黑表笔则分别接其余各段数码管电极。若万用表的指针均发生偏转，同时对应的各段数码管均会发光（即发光二极管导通），则说明数码管正常；只要数码管中有一段以上不发光，则说明数码管损坏。当使用数字万用表检测时，红、黑表笔接法则相反。

4．数码八路抢答器工作原理

（1）电路构成

数码八路抢答器电路包括抢答、编码、优先、锁存、数显、复位及讯响七个部分。其中按键 S1～S8 为抢答按钮部分；按键 S9 为复位按钮；二极管 D1～D12 组成数字编码器；CD4511 是集 BCD-7 段锁存、译码和驱动于一体的集成电路；集成电路 555 及外围电路构成讯响电路；数显部分则是一个 0.5in 的共阴极数码管。

（2）工作原理

抢答器讯响电路由集成电路 555 构成多谐振荡器，其中扬声器通过电解电容 C3 接在 555 芯片的 3 脚与地之间。C1、R16 没有直接与电源连接，而是通过 D15、D16、D17、D18 构成或门电路，4 个二极管的阳极分别与 CD4511 的 1、2、6、7 脚相接，当任何抢答器按下时，讯响电路均会振荡发出声音。

按键 S1～S8 构成 8 路抢答按钮，任意抢答按钮被按下，都必须通过编码二极管编程 BCD 码，将高电平加到 CD4511 相应的输入端，从 CD4511 的引脚可看出，引脚 6、2、1、7 分别对应 BCD 码的 D、C、B、A 位（D 为高位，A 为低位，即 D、C、B、A 分别代表 BCD 码 8、4、2、1 位）。例如，按下 S8，则高电平加到 CD4511 的 6 脚，而 2、1、7 脚保持低电平，此时 CD4511 输入 BCD 码为 "1000"。又如，按下 S5，此时高电平通过二极管 D6、D7 给 CD4511 的 2 脚和 7 脚，而 6 脚和 1 脚保持低电平，此时 CD4511 输入的 BCD 码是 "0101"。以此类推，按下几号按键，则输入相应的 BCD 码，并自动由 CD4511 内部译码电路转换成十进制数，并显示在数码管上。

多路抢答器要满足当有一位优先按下抢答键后，其余按下的抢答信号无效，这一功能可由锁存优先电路实现，该电路由 CD4511 内部电路与 Q1、R7、R8、D13、D14 共同组成。当抢答器都未按下时，因为 CD4511 的 BCD 码输入端均有 10kΩ 接地电阻，所以 BCD 码的输入端为 "0000"，此时 CD4511 的输出端 a、b、c、d、e、f 均为高电平，g 为低电平。通过对 0～9 这 10 个数字的分析，只有当数字为 0 时，才出现 d 为高电平，g 为低电平，此时 Q1 导通，D13、D14 阳极均为低电平，使 CD4511 的第 5 脚（LE 端）为低电平 "0"。这种状态下，CD4511 没有锁存而允许 BCD 码输入，在抢答准备阶段，主持人会按下复位键 S9，数码管显示 0。此时抢答开始，当 S1～S8 任意按键按下时，CD4511 的输出端 d 为低电平或输出端 g 为高电平，这两种状态必有一个存在或都存在，迫使 CD4511 的 5 脚由 "0" 转 "1"，反映抢答器信号的 BCD 码输入，并使 CD4511 的 a、b、c、d、e、f、g 七个输出锁存保持在 5 脚为 "0" 时输入的 BCD 码的显示状态。例如，按下 S1，则数码管显示数字 1，此时仅 b、c 为高电平，而 d 为低电平，此时三极管 Q1 的基极也是低电平，集电极为高电平。集电极为高电平经 D13 加到 CD4511 第 5 脚，即 LE 由 "0" 转 "1" 态，则在 LE 为 "0" 时输入给 CD4511 的第一个 BCD 码数据被判定优先而锁存，数码管显示对应 S1 送来的信号是 1，S1 之后的任意按键信号都不显示。为了进行下一题抢答，主持人须先按下复位键 S9，清除锁存器内的数据，数显先是熄灭一下，再恢复显示数字 0，以此类推。

7.1.6　任务拓展

1．请问在八路抢答器中，当按下按键 S6 时，CD4511 输入的 BCD 码是多少？数码管上显示多少？

2．如果在一轮抢答结束后，主持人忘记将复位开关复位，请问此时开始答题，会出现什么情况？

7.1.7 课后习题

1. 集成电路 CD4511 有什么功能和特点？
2. 若 CD4511 的 LT=0，则其输出 a～g 状态如何？数码管显示什么？
3. 集成电路 555 是因为什么而得名的？
4. 请写出集成电路 555 的真值表。
5. LED 数码管常见的分类有哪些？
6. 简述使用指针万用表检测共阳极数码管质量的方法。

7.2 任务 2 数字万年历的制作与调试

7.2.1 任务目标

➢ 了解数字万年历的电路组成及工作原理。
➢ 掌握电路图的识图方法及芯片 TG1508 的焊接方法。
➢ 掌握数字万年历的安装方法和调试方法。

7.2.2 所需工具和器材

所需工具和器材如表 7-7 所示。

表 7-7 所需工具和器材

类 别	名 称	规 格 型 号	数 量
工具	万用表		1
	电烙铁		1
	镊子		1
	尖嘴钳		1
	斜口钳（剪钳）		1
	手机	安卓系统	1
器材	锡丝、松香		若干
	数字万年历套件		1
	电源适配器	AC 220V 转 DC 5V	1

7.2.3 原理图

数字万年历电路原理图如图 7-12 所示。

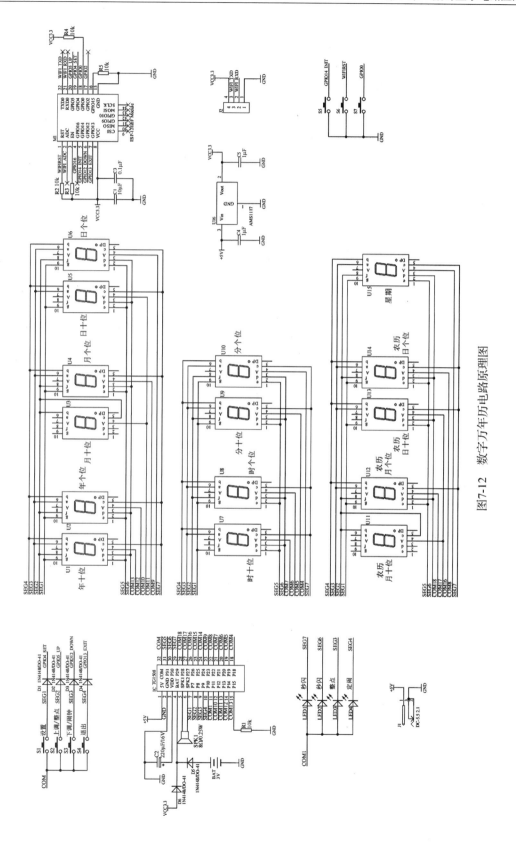

图7-12 数字万年历电路原理图

7.2.4 任务步骤

1. 元器件的识别与检测

万年历材料清单如表 7-8 所示。

数字万年历制作

表 7-8 万年历材料清单

名　　称	规　格　型　号	数　　量	位　　号
CPU	TG1508D5V5	1	IC
芯片插座	DIP-32	1	IC
数码管	0.5in/共阳极	11	U1~U6, U11~U15
数码管	0.8in/共阳极	4	U7~U10
发光二极管	插针/ϕ5mm/红色	4	LED1~LED4
喇叭	0.5W/8Ω/ϕ20mm	1	SPK1
电解电容	插针/10μF	1	C1
电解电容	插针/220μF	1	C2
电解电容	插针/1μF	2	C4, C5
瓷片电容	插针/104	1	C3
集成电路	贴片/AMS1117/SOT223	1	U16
色环电阻	插针/0.25W/10kΩ	5	R1~R5
二极管	插针/1N4148	6	D1~D6
DC 电源座	DC-5.5×2.1	1	J1
纽扣电池座	3V/CR2032 电池弹片	1	BAT
微动开关	6mm×6mm×5mm	4	设置、上调、下调、退出
微动开关	3mm×6mm×4.3mm	2	恢复出厂、Wi-Fi 复位
Wi-Fi 模块	ESP-12E&F Module	1	M1
PCB	双面 FR-4/绿油白字/L180mm×W98mm×T1.6mm	1	
亚克力板	L180mm×W98mm/透明/厚 3mm	2	
尼龙螺柱	M3×10+6/黑色	4	
尼龙螺柱	M3×22+6/黑色	4	
尼龙螺钉	M3×6/黑色	4	
尼龙螺母	M3/黑色	4	

根据表 7-8 所示材料清单，核对制作万年历的元器件实物数量，并逐一对各元器件进行质量检测。

（1）晶振。使用万用表检测其质量好坏。

（2）其他。检查剩余料件外观是否受损、是否少料等。

❖ 用万用表 × 10kΩ 挡测量晶振两端电阻，若测得阻值为无穷大，则说明晶振无短路或漏电。

2. 实物制作与调试

（1）实物制作前准备

a. 安装和焊接元器件前，应对元器件进行整形，对元器件引脚和电路板焊接面进行去氧化等清洁处理。

b. 准备好电烙铁、焊锡等焊接工具及器材。

（2）实物的安装和焊接

a. 先将晶振焊接到 CPU TG1508D5V5 板上的 Y1 位置，然后将两个 15Pin 排针安装到 CPU 板上，如图 7-13 所示。

b. 剪两条元器件引脚焊接在扬声器上，如图 7-14 所示。

图 7-13　晶振焊接

图 7-14　扬声器引脚焊接

c. 按图 7-12 所示在电路板上安装元器件，并确认无误后进行焊接，如图 7-15 所示。

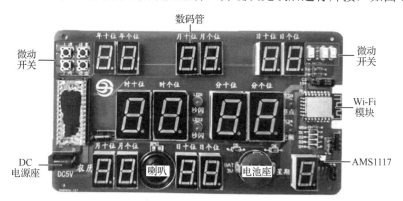

图 7-15　数字万年历电路实物图

❖ 原理图上同一个网络标号（如 SEG1），表示线路相连。

❖ 安装时，注意电解电容、发光二极管的极性必须正确；电解电容平躺在电路板安装，发光二极管紧贴电路板。

❖ 安装数码管时，注意其小数点均在右下方。

❖ 安装 3V 纽扣电池卡时，注意电池卡接触电池的正极，电池卡下边两条跳线则接触电池的负极，其中跳线可用多余的元器件引脚焊上；电池卡的缺口朝板边，以便于更换电池。电池的作用是确保当外部断电时，万年历内部走时不停，当恢复供电后，显示时间正常。

❖ 安装 CPU 时，注意 CPU 小板上的凹口应与电路板上的标识一致，切勿装反；注意勿用手或其他物体用力按压 CPU 黑色部分；CPU 安装时应接触良好，以免影响功能。

d．焊接完成后，剪下多余的引脚；检查数字万年历电路实物的元器件有无错装、漏装、极性装反等情况；元器件的整形、摆放应符合要求；焊点应圆满、光滑、无锡渣、无拉尖、无虚焊、无假焊、无连焊等；用万用表检测输入端应无短路现象。

（3）电路硬件部分调试

a．电源适配器的连接。电路检查无误后，接上电源适配器，如图 7-16 所示。

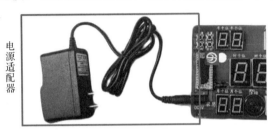

图 7-16　连接电源适配器

b．上电。将适配器插头插到 AC 220V 插座并通电，此时所有数码管应点亮，同时音乐声响。几秒钟后显示 11 年 7 月 5 日 18 时 58 分，同时秒闪 LED1 和 LED2 闪亮，说明运行正常，如图 7-17 所示。

图 7-17　上电默认显示效果

c．时间设置。按图 7-18 所示，对年、月、日、小时和分钟进行设置。其中，农历时间和星期会自动跟随公历时间调整。

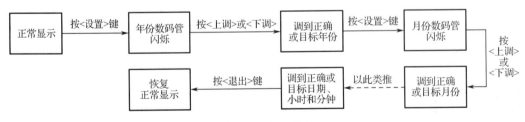

图 7-18　时间设置

d. 整点报时的设定与取消（见图 7-19）。

图 7-19　整点报时的设定与取消

e. 闹钟的设定。按图 7-20 所示设置目标闹钟。若需设置多组闹钟，则在上述过程中进行到小时和分钟数字停止跳动时按 DOWN 键，数字变成【----】，此时按两下 SET 键，时、分位上出现数字且时位上数字跳动，重复上述过程，最多能设置 8 组闹钟。

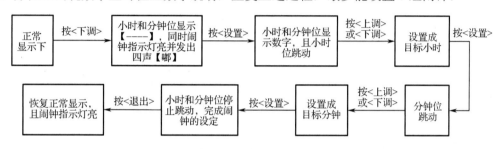

图 7-20　闹钟的设定

f. 取消闹钟。按图 7-21 所示操作，可取消设定的闹钟。

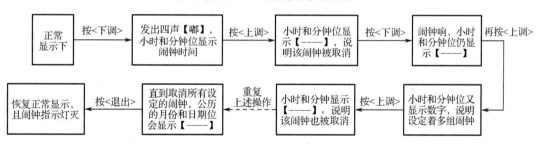

图 7-21　闹钟的取消

g. 报时。按照如图 7-22 所示操作，可开启和关闭报时。

（4）电路软件部分调试

a. APP 安装。将数字万年历 APP 安装包储存到手机上，并在手机上完成 APP 安装。安装成功后，数字万年历 APP 图标如图 7-23 所示。

图 7-22　报时开启和关闭　　　　　　　图 7-23　数字万年历 APP 图标

b. Wi-Fi 连接。数字万年历上电，打开手机无线网络界面，找到名称为 bosun 的热点，单击后输入密码 12345678 完成 Wi-Fi 连接。

❖ 出厂默认 Wi-Fi 名称为 bosun，初始密码为 12345678。Wi-Fi 名称和密码可以在手机 APP 上进行修改。

❖ 恢复出厂设置和 Wi-Fi 复位。同时按下 Wi-Fi 复位和恢复出厂设置按钮，然后先松开 Wi-Fi 复位按钮，2s 后再松开恢复出厂设置按钮即可实现。

c. 自定义 Wi-Fi 名称和密码。打开 APP 进入主界面，APP 会自动进行 Wi-Fi 连接，成功连上 Wi-Fi 后主界面左上角会显示【连接成功】。此时，单击左上角图标进入 Wi-Fi 设置界面，如图 7-24 所示，输入自定义的名称和密码，单击【确定】按钮完成修改。

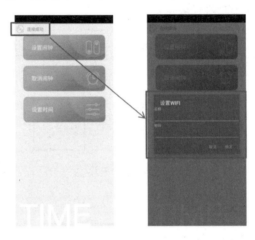

图 7-24　Wi-Fi 名称和密码修改

❖ 若显示连接失败，则重新检查手机 Wi-Fi 是否打开或数字万年历是否工作。确定 Wi-Fi 连接以及数字万年历正常工作，仍显示连接失败，则请关闭 APP，重新开启 APP。

❖ APP 未连上 Wi-Fi 时，会每隔 5s 检查网络并自动连接，直至连接上 Wi-Fi。

❖ APP 成功连接 Wi-Fi 后，才能通过操作 APP 来控制数字万年历。

❖ 自定义 Wi-Fi 名称和密码时，注意密码长度至少 8 位，否则 Wi-Fi 名称和密码修改无效。

d. 设置时间。单击【设置时间】选项进入设置界面，如图 7-25 所示。按照图 7-18 所示步骤对数字万年历进行时间设置。设置完成后单击【退出】按钮返回主界面。

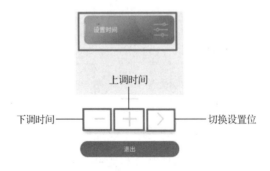

图 7-25　APP 设置时间界面

e．设置闹钟。单击【设置闹钟】选项进入设置界面，如图 7-26 所示，此时数字万年历小时和分钟位显示【----】。然后，单击按键【>】小时位闪烁，通过【+】或【-】设定小时位，再按【>】分钟位闪烁进行分钟设置。设置完成后单击【退出】按钮返回主界面，此时数字万年历上闹钟 LED 亮灯。

f．取消闹钟。单击【取消闹钟】选项进入设置界面，如图 7-27 所示，此时万年历显示已设定的闹钟时间。按【-】取消闹钟。设置完成后单击【退出】按钮返回主界面，此时数字万年历上闹钟 LED 灭灯。

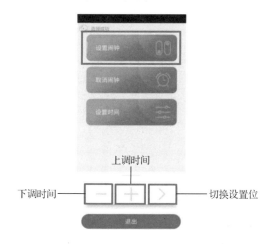

图 7-26　APP 设置闹钟界面

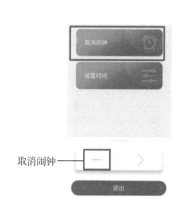

图 7-27　APP 取消闹钟界面

（5）成品组装

电路软件和硬件功能均调试正常后，完成数字万年历成品的组装，如图 7-28 所示。

图 7-28　数字万年历成品

7.2.5　必备知识

1．数字万年历

数字万年历是一种用途广泛的日常计时工具，它可以对年、月、日、时、分、秒进行计时，还具有闰年补偿等多种功能，主要由电源电路、功能按键、系统控制电路、显示电路和扬声器电路等组成。

（1）电源电路。本系统采用直流 5V 给芯片 TG1508 供电。

（2）功能按键。通过不同的按键操作使芯片获取不同的指令信息，从而根据不同的指令来执行相应的功能。

（3）系统控制电路。本电路以 TG1508 万年历芯片为核心。

（4）显示电路。采用 11 个 0.5in 和 4 个 0.8in 的红色共阳极数码管构成。

（5）扬声器电路。该电路通过芯片直接驱动扬声器工作。

2. TG1508 万年历芯片

TG1508 万年历芯片功能如下：

（1）50 年万年历，和弦音乐代替普通报闹声。

（2）内置丰富的流水鸟叫功能，无须外挂音乐片。

（3）不需要外挂，可控制一组开关日光灯或电动机等外接设备，并可任意设定外接设备开关时间。

（4）有 8 组闹钟、12 组生日提醒功能，可选择只要 3 组闹钟，也可选择取消闹钟和生日提醒。

（5）亮度自动变暗可选，中文报时可选，和弦音乐可选，12/24 小时制可选。

（6）星期显示方式可选择用数码管或 7 个 LED。

（7）可显示室内温度，温度单位可选摄氏度或华氏度。

（8）可隐藏年的显示。

（9）有万年历机板自检功能，可检测机板的开路与短路。

（10）可与时间同步校准仪连接，用于检测时间误差和设置时间。

7.2.6 任务拓展

1. 数字万年历如何调整？

2. 数字万年历的常见故障有哪些？如何检修？

7.2.7 课后习题

1. 数字万年历中纽扣电池起什么作用？

2. 安装 CPU 芯片时，应注意什么？

3. 简述数字万年历时间设置操作步骤。

4. 若要恢复出厂设置和 Wi-Fi 复位，应如何操作？

5. 数字万年历主要由哪些部分组成？

第 8 章

数字万用表和 AM/FM 收音机的安装与调试

本章主要通过数字万用表和 AM/FM 收音机的安装与调试，了解数字万用表的特点，熟悉装配数字万用表的基本工艺过程，了解 AM/FM 收音机的安装工艺和工作原理。

 单元目标

技能目标

❖ 掌握数字万用表电路的基本原理；了解电路中各元器件的作用及参数选择。

❖ 学会根据技术指标测试数字万用表的主要参数，学会安装制作数字万用表。

❖ 识别 AM/FM 收音机元器件并判断其质量，掌握 AM/FM 收音机组装及焊接工艺。

❖ 初步掌握 AM/FM 收音机的整机调试和故障检修。

知识目标

❖ 了解数字万用表的特点。

❖ 了解 AM/FM 收音机的安装工艺和工作原理。

❖ 认识液晶显示器件和集成电路 7106。

8.1 任务 1 数字万用表的安装与调试

8.1.1 任务目标

➢ 了解数字万用表的特点。

➢ 熟悉装配数字万用表的基本工艺过程。

➢ 掌握基本的装配技巧，学习整机的装配工艺。

➢ 熟悉数字万用表的工作原理。

8.1.2　所需工具和器材

所需工具和器材如表 8-1 所示。

表 8-1　所需工具和器材

类　别	名　称	规格型号	数　量
工具	万用表		1
	电烙铁		1
	镊子		1
	尖嘴钳		1
	斜口钳（剪钳）		1
	螺丝刀		1
器材	锡丝、松香		若干
	数字万用表套件	DT830B	1

8.1.3　原理图

数字万用表电路原理图如图 8-1 所示。

8.1.4　任务步骤

**数字万用表
安装和调试**

1．元器件的识别与检测

DT830B 数字万用表套件材料清单如表 8-2 所示。

根据表 8-2 所示材料清单，核对材料及数量，并逐一对各元器件进行质量检测。

（1）保险管。用万用表判断其质量好坏。

（2）9V 电池。选择万用表直流电压合适挡位，检测电池是否合格。

（3）PCB。通过目测及万用表检测，PCB 不应有明显划伤、断路、短路等。

（4）其他。检查剩余料件外观是否受损、是否少料、质量好坏等。

> ❖ 用万用表欧姆挡检测保险管时，若阻值为无穷大，说明保险管损坏。
>
> ❖ 选择万用表直流电压合适挡位，将红、黑表笔分别接电池正、负极检测电池电压，正常时，其电压值等于或接近 9V。

2．实物制作与调试

（1）实物制作前准备

a．安装和焊接元器件前，应对元器件进行整形，对元器件引脚和电路板焊接面进行去氧化等清洁处理。

b．准备好电烙铁、焊锡等焊接工具及器材。

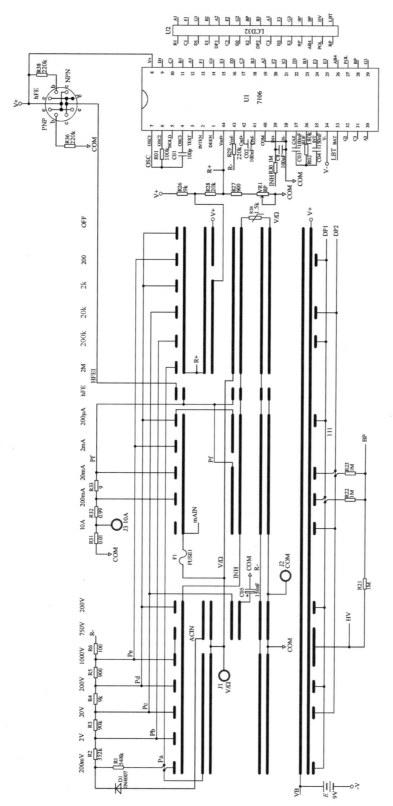

图8-1　数字万用表电路原理图

表 8-2 DT830B 数字万用表套件材料清单

名　称	规 格 型 号	数　量	位　号
集成电路	CS7106AGP	1	U1
液晶屏	FI0055	1	U2
瓷片电容	插针/100pF(101)	1	C01
独石电容	插针/100nF(104)	3	C02，C03，C8
薄膜电容	插针/150nF	1	C04、C05
二极管	插针/1N4007	1	D1
色环电阻	插针/0.25W/548kΩ/0.5%	1	R1
色环电阻	插针/0.25W/352kΩ/0.5%	1	R2
色环电阻	插针/0.25W/90kΩ/0.5%	1	R3
色环电阻	插针/0.25W/9kΩ/0.5%	1	R4
色环电阻	插针/0.25W/900Ω/0.5%	2	R5，R27
色环电阻	插针/0.25W/100Ω/0.5%	1	R6
电阻	锰铜导线/ϕ1.2/0.01Ω	1	R31
色环电阻	插针/0.25W/0.99Ω/0.5%	1	R32
色环电阻	插针/0.25W/9Ω/0.5%	1	R33
色环电阻	插针/0.25W/100kΩ/5%	1	R01
色环电阻	插针/0.25W/180kΩ/5%	1	R02
色环电阻	插针/0.25W/1MΩ/5%	4	R21，R22，R23，R30
色环电阻	插针/0.25W/1.5kΩ/1%	1	R24
色环电阻	插针/0.25W/9kΩ/1%	1	R26
色环电阻	插针/0.25W/20kΩ/1%	1	R28
色环电阻	插针/0.25W/220kΩ/5%	3	R29，R36，R38
电位器	插针/200Ω	1	VR1
保险管	ϕ5mm×20mm，0.5A/250V	1	F1
保险管卡	5mm	2	
hFE 插孔	1 号管插	1	
导电橡胶	40mm×6.5mm×2mm	1	
电池	9V	1	
V 形弹片	A51#	6	
小弹簧	ϕ2mm×8mm，A85	2	
钢珠	ϕ2mm	2	
电池弹簧	ϕ4mm×8mm，KJ039	2	
自攻螺钉		2	
元机螺钉		4	
导线		若干	

名　　称	规 格 型 号	数　量	位　　号
表笔插孔	$\phi5.5mm \times 8mm$	3	
表笔	DT-830B，红和黑色	2	
面盖	DT-830B	1	
底盖	DT-830B	1	
挡位旋钮	DT-830B	1	
功能面板	DT-830B	1	
PCB	双面/绿油	1	

（2）实物的安装和焊接

a. 按照如图 8-1 所示在 PCB 上安装元器件，确认无误后进行焊接。数字万用表电路实物图如图 8-2 所示。

图 8-2　数字万用表电路实物图

❖ COM、10A、V/Ω/mA 三个表笔插孔安装时，插孔应与 PCB 垂直，否则将可能影响整机的装配。

❖ hFE 插孔安装时，注意安装位置及标志凸筋对准仪器外壳相应部位的凹槽。

❖ 保险管卡安装时，保险管止销朝外，且注意它们之间的距离，以免影响保险管安装。

❖ 注意 PCB 中间圆形印制铜线是万用表功能、量程转换开关电路，请小心保护，避免划伤或脏污，以免对整机性能产生影响。

b. 焊接完成后，注意检查数字万用表电路实物的元器件有无错装、漏装、极性装反等情况；元器件的整形、摆放应符合要求；焊点应圆满、光滑、无锡渣、无拉尖、无虚焊、无假焊、无连焊等。

c. 挡位旋钮安装。先用镊子将 V 形弹片装到挡位旋钮的塑壳内，如图 8-3（a）所示；然后将弹簧、钢珠依次装入挡位旋钮两侧的孔内（指针面），如图 8-3（b）所示；最后左手拿挡位旋钮，右手拿面盖，完成挡位旋钮的安装，如图 8-3（c）所示。

d. 液晶器件安装。先将液晶屏放入面盖的长方形窗口内，然后将导电胶条直立放在液晶屏背面上，它的下边与液晶片相接触，如图 8-4 所示。

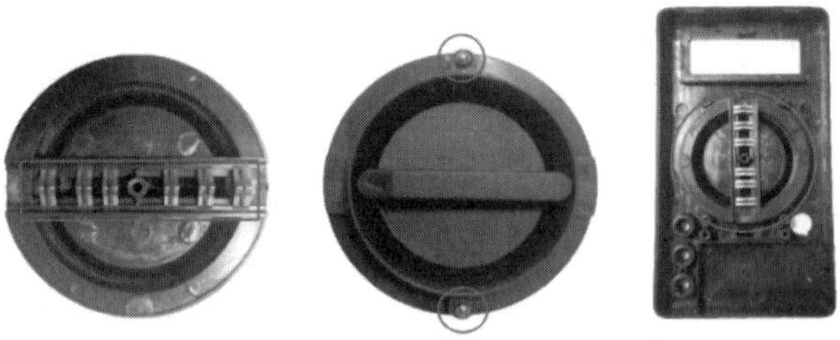

（a）V形弹片安装　　（b）弹簧和钢珠安装　　（c）挡位旋钮安装

图 8-3　挡位旋钮安装

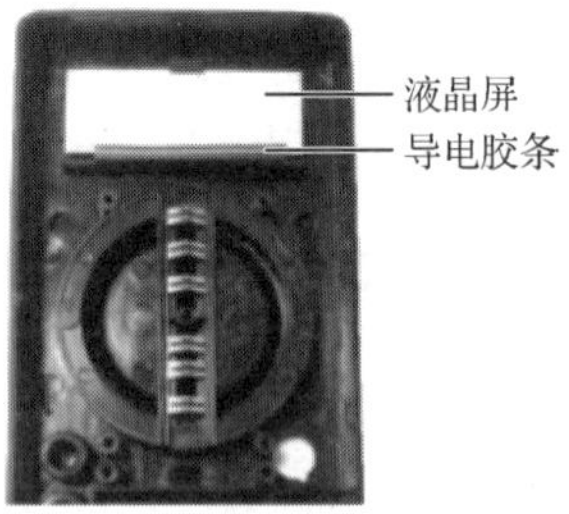

图 8-4　液晶器件安装

> 💡 ❖ 液晶屏镜面为正面（显示字符），白色面为背面，透明条上可见条状引线为引出线，通过导电胶条和 PCB 上镀金印制导线实现电连接。
>
> ❖ 注意保持导电胶条的导电面清洁并仔细对准引线位置，以防引起显示故障。

e．电路板与电池安装。先将电路板安装到面盖上，用 4 个元机螺钉固定，然后将 9V 电池按正、负极标识对位安装，如图 8-5 所示。

f．功能面板安装。先将功能面板的背胶撕开，然后将其整齐地贴在面盖正面相应的位置，如图 8-6 所示。

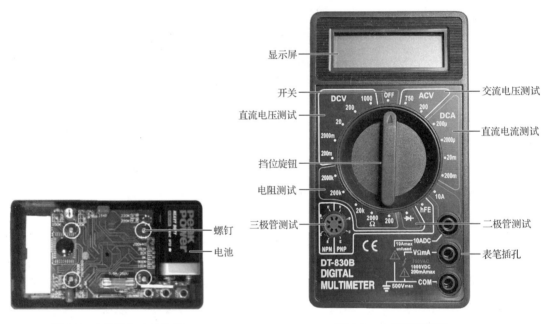

图 8-5　电路板与电池安装

图 8-6　功能面板安装

（3）电路调试

a．仔细检查挡位旋钮转动是否灵活，挡位是否清晰，并查看各挡位的显示数值是否与功能测试检查表中的数值一致（见表 8-3），表中 B 表示空白。

表 8-3　功能测试检查表

挡　位	显　示　数　字		挡　位	显　示　数　字	
DCV	200mV	00.0	DCA	200μA	00.0
	2000mV	000		2000μA	000
	20V	0.00		20mA	0.00
	200V	00.0		200mA	00.0
	1000V	000		10A	0.00
hFE	三极管	000	OHM	200kΩ	1BB.B
				2000kΩ	1BBB
Diode	二极管	1BBB			
OHM	200Ω	1BB.B			
	2000Ω	1BBB			
	20kΩ	1B.BB			

💡 若万用表各挡位显示与表 8-3 不符,则需确认如下事项。

❖ 检查电池是否可靠连接。

❖ 检查各电阻、电容是否安装无误,是否符合原理图要求。

❖ 检查电路板的铜线是否开路,焊接是否有短路、虚焊、漏焊等。

❖ 检查显示屏、导电条和电路板三者是否接触良好。

b. 检测极性显示。先将红表笔插入 DT830B 的 V/Ω/mA 插孔,黑表笔插入 COM 插孔,然后红、黑表笔分别接电池的正、负极,正常应显示正电压值;交换表笔,此时电压值前应显示负号,否则不良。

c. 校准调试。准备一台标准表和一个 9V 电池。将组装完成的 DT830B 数字万用表和标准表均拨至 DCV 20V 挡,先用标准表测试 9V 电池并记录,然后用 DT830B 测量该电池,调节可调电阻,使其读数与标准表测量值相同。

d. 检测电阻挡位。分别用各电阻挡位测量不同标称阻值的电阻,最大误差不应超过±2%。

e. 检测二极管挡位。选择该挡位测量二极管的正向压降和三极管 PN 结正向压降。

f. 检测三极管 hFE 挡。用该挡位分别测量 PNP 型和 NPN 型三极管的 hFE 值。

g. 检测交流电压挡。用 750V 交流挡测量插座电压是否为 220(1±1.5%)V。

h. 检测电流挡。用电流合适挡位检测某电路的电流,最大误差不应超过±2%。量程为 10A 的直流挡误差较大,通常为±(3%~5%)。

💡 ❖ 电阻测量、电压测量、二极管测量和 200mA 以下电流测量时,红表笔均应插入 "V/Ω/mA" 插孔;测量大于 200mA 电流时,红表笔则插入 "10A" 插孔。黑表笔均插入 "COM" 插孔。

❖ 测量时,注意根据待测物的规格或数值选择合适的量程,若规格或数值未知,则优先选择最高量程,再根据实测结果调整至合适量程。

❖ 万用表不使用时,应将挡位旋钮旋至 "OFF" 位置,以延长电池寿命。

（4）整机组装

数字万用表 DT830B 调试完成后，盖上后盖，安装后盖上的两个螺钉并锁紧，完成数字万用表的安装，如图 8-7 所示。

图 8-7 数字万用表成品

8.1.5 必备知识

1. DT830B 数字万用表

DT830B 数字万用表是单电源供电，且电压范围较宽，一般使用 9V 电池，可用来测量交直流电压、直流电流、电阻、二极管和小功率管的 hFE 等。其输入阻抗高，利用内部的模拟开关实现自动调零和极性转换。但 A/D 转换速度较慢，只能满足常规测量的需求。双积分 A/D 转换器是 DT830B 的"心脏"，通过它实现模拟量/数字量的转换。A/D 转换器采用的集成电路 7106 是 CMOS 三位半单片 A/D 转换器，将双积分 A/D 转换器的模拟电路，如缓冲器、积分器、比较器和模拟开关，以及数字电路部件的时钟脉冲发生器、分频器、计数器、锁存器、译码器、异或的相位驱动器和控制逻辑电路等全部集中在一个芯片上，使用时，只需配以显示器和少量的阻容元件即可组成一台三位半的高精度、读数直观、功能齐全、体积小巧的仪表。

（1）技术指标

DT830B 技术指标如表 8-4 所示。

表 8-4 DT830B 技术指标

项　　目	技 术 指 标
显示屏	采用 15mm×50mm 液晶显示屏
位数	4 位数字，最大显示值为 1999 或-1999
电源	9V 电池一节
超量程显示	超量程显示"1"或"-1"
低电压指示	低电压指示为"BAT"
取样时间	0.4s，测量速率为 3 次/s
归零调整	具有自动归零调整功能
极性	正负极性自动变换显示

（2）使用注意事项

a．使用前应先认真阅读使用说明书等资料，熟悉万用表的量程、使用方法等，以避免因为操作失误而损坏仪表、影响测量结果等。

b．使用万用表测量待测物前，应检查表笔是否完好无损、是否接对接口，以确保操作人员的安全、万用表的使用寿命等。

c．注意数字万用表不宜在高温、烈日、高湿度、灰尘多的环境中存放或使用，否则容易损坏显示屏。此外，还要注意防止外磁场对其产生干扰。

d．测量电阻时，严禁带电测量。

e．安装电池时，应注意电池的正、负极性不能接反，否则不仅万用表无法正常工作，甚至可能导致集成电路的损坏。

f．注意每次使用万用表后，应及时关闭电源，以延长电池的使用寿命。如果长时间不使用，则请取出电池，以防电池的电解液泄漏而引起 PCB 发生腐蚀。

g．更换保险管时，注意保持更换的规格与原来的一致。

2．A/D 转换器 7106

A/D 转换器 7106 采用 COB 封装，内有异或门输出，能直接驱动 LCD 显示，使用一节 9V 电池供电，耗电极低，正常使用电流仅 1mA。

（1）主要引脚功能

44 脚集成电路 7106 引脚图如图 8-8 所示，各引脚功能如表 8-5 所示。

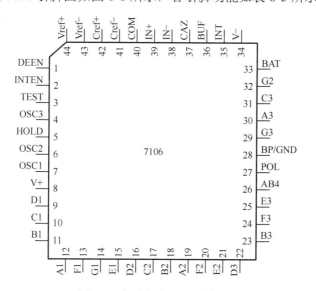

图 8-8　集成电路 7106 引脚图

表 8-5　集成电路 7106 引脚功能

引脚	标　号	功　　　能
1	DEEN	反向积分器输出端
2	INTEN	积分器输出端

引脚	标　号	功　　能
3	TEST	测试端。可作测试指示，将 TEST 与 V+连接时，LCD 显示屏显示全部笔段，即显示 1888，因而可检查显示屏有无笔段残缺现象；也可作数字地供外部驱动器使用，以构成小数点及标识符的显示电路
4	OSC3	时钟振荡器的接线端，外接阻容元件或石英晶体振荡器
5	HOLD	保持控制输入端
6	OSC2	时钟振荡器的接线端，外接阻容元件或石英晶体振荡器
7	OSC1	时钟振荡器的接线端，外接阻容元件或石英晶体振荡器
8	V+	接电池正极，芯片内 V+和 COM 之间有一个稳定性很高的 3V 基准电压，当电池电压低于 7V 时，基准稳不住 3V。3V 基准电压通过电阻分压后取得 100mV 基准电压供 Vref 使用
9	D1	个位的驱动信号。接个位 LCD 的对应笔画电极
10	C1	
11	B1	
12	A1	
13	F1	
14	G1	
15	E1	
16	D2	十位的驱动信号。接十位 LCD 的对应笔画电极
17	C2	
18	B2	
19	A2	
20	F2	
21	E2	
22	D3	百位的驱动信号。接百位 LCD 的对应笔画电极
23	B3	
24	F3	
25	E3	
26	AB4	千位笔画的驱动信号端。当输入信号大于液晶显示器的最大显示值 1999 时，显示会发生溢出，千位数显示"1"的同时，百位、十位、个位数字全灭
27	POL	负数指示信号。当输入信号为负值时该段亮，正值时不显示
28	BP/GND	公共电极的驱动端
29	G3	百位的驱动信号。接百位 LCD 的对应笔画电极
30	A3	
31	C3	
32	G2	十位的驱动信号。接十位 LCD 的对应笔画电极

引脚	标　号	功　　能
33	BAT	低电压指示端。左上角显示符号"BAT"为该端送出的信号，表示电池电压低于 7V 时不能正常使用，需更换新电池
34	V-	接电池负极
35	INT	积分器的输出端，接积分电容
36	BUF	缓冲放大器的输出端，接积分电阻
37	CAZ	积分器和比较器的反相输入端，接自动稳零电容
38	IN-	模拟信号输入端，接输入信号负端和正端
39	IN+	
40	COM	模拟地。与输入信号的负端相接，电池电压正常时和 V+构成一组稳定的 3V 电压
41	Cref-	接基准电容
42	Cref+	
43	Vref-	接基准电压 V+与 COM 间的稳定 3V 电压，由电阻分压后取得，当测量电压、电流、hFE 时为 100mV 的基准电压，当测量电阻时提供 0.3V 和 2.8V 的稳定测试电压
44	Vref+	

（2）质量好坏检测

万用表选择直流电压挡的合适挡位，测量集成电路 7106 的 1 脚和 32 脚间的电压应为 2.8V±0.4V，26 脚和 32 脚间的电压应为-6.2V±0.4V，36 脚和 35 脚间的电压应为 100mV±1mV。如果上述几个电压值都不正常，则说明集成电路 7106 已经损坏。

3．保险管

保险管也称熔断器、熔丝管，电路中文字符号为 FU，是一种过电流保护器件，通常串联于电源输入端，如图 8-9 所示。

（1）工作原理

保险管一般由熔体、电极和支架组成。正常工作情况下，通过保险管的电流比较小，熔体温度升高但没有达到熔点，熔体不会熔化，输入电路可以可靠地接通。一旦发生过载或故障，流过熔体的电流超过规定值，则在一定的时间内，由熔体自身产生的热量使熔体熔断，切断输入电源，从而起到过电流保护的作用。当过载电流小时，熔断时间长；当过载电流大时，熔断时间短。当过载电流在一定范围内且过载时间较短时，保体不会熔断，可以继续使用。

图 8-9　常见的保险管

（2）分类

根据熔断速度不同，保险管可分为特慢速（用 TT 表示）、慢速（用 T 表示）、中速（用 M 表示）、快速（用 F 表示）和特快速（用 FF 表示）等。

（3）保险管选用注意事项

a．额定电流指保险管能长期正常工作的电流，是由保险管各部分长期工作时的允许温度决定的。大多数传统的保险管采用的材料具有较低的熔化温度，对环境温度的变化比较敏感，其性能受到工作环境温度的影响，因此应该根据产品在高温条件下的折减曲线，选择额定电流。为了延长保险管的寿命，额定电流不应太接近于最小输入电压和最大负载条件下，电源输入电流的最大有效值，可取最大值的150%。在计算电流有效值时，要考虑到波形系数，对电容输入滤波器来说波形系数为0.6。

b．电压额定值必须大于供电输入电压的峰值。保险管的标准电压额定值系列有32V、125V、250V、600V 等。若保险管的实际工作电压大于其额定值，则熔体熔断时可能发生电弧不能熄灭的危险。

c．在低压电路中应考虑保险管电阻的影响，一般小于1A 的保险管电阻为几欧姆。

d．保险管的寿命受温度影响很大。环境温度越高，保险管的工作温度就越高，其寿命也就越短。相反，在较低的温度下运行会延长保险管的寿命。

e．一般定义熔体的最小熔断电流与熔体的额定电流之比为最小熔化系数。常用熔体的熔化系数一般为1.1～1.5，通常大于1.25，即额定电流为10A 的保险管在电流12.5A 以下时不会熔断。

8.1.6　任务拓展

1．当测量450mA 电流时，万用表表笔如何连接？

2．当显示屏显示异常时，应如何处理？

8.1.7　课后习题

1．如何检测集成电路7106 的质量好坏？

2．若数字万用表液晶屏下的导电胶条脏污或者安装时接触不良，会有什么现象？应如何处理？

3．简述保险管的工作原理及分类。

4．保险管选用应注意哪些事项？

8.2　任务2　AM/FM 收音机的安装与调试

8.2.1　任务目标

➢ 了解AM/FM 收音机的安装工艺和工作原理。

➢ 提高对整机电路图与电路板的识读能力以及焊接与装配工艺水平。

➢ 掌握AM/FM 收音的调试方法。

8.2.2　所需工具和器材

所需工具和器材如表8-6所示。

表 8-6　所需工具和器材

类　别	名　称	规格型号	数　量
工具	万用表		1
	示波器/毫伏表		1
	AM/FM 高频信号发生器		1
	电烙铁		1
	镊子		1
	尖嘴钳		1
	斜口钳（剪钳）		1
	无感螺丝刀		1
器材	锡丝、松香		若干
	电池	1.5V/5 号	2
	AM/FM 收音机套件	HX218B	1

8.2.3　原理图

AM/FM 收音机电路原理图如图 8-10 所示。

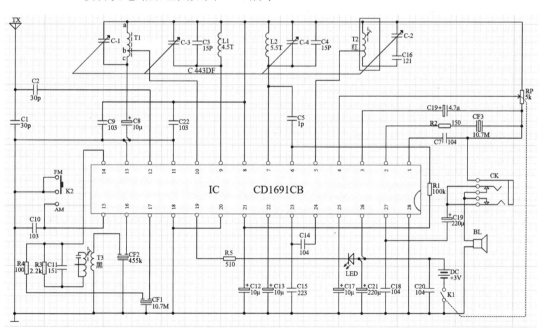

图 8-10　AM/FM 收音机电路原理图

8.2.4　任务步骤

1．元器件的识别与检测

HX218 AM/FM 收音机套件材料清单如表 8-7 所示。

AM、FM 收音机
安装与调试

表 8-7　HX218 AM/FM 收音机套件材料清单

名　　称	规　格　型　号	数　量	位　　号
集成电路	插针/CD1691CB	1	IC
发光二极管	插针/直径 3mm/红色	1	LED
磁棒线圈	5mm×13mm×55mm	1	T1
振荡线圈	红色中周	1	T2
中频变压器	黑色中周	1	T3
滤波器	10.7MHz 三脚	1	CF1
滤波器	455kHz	1	CF2
鉴频器	10.7MHz 二脚	1	CF3
空心电感	$\phi3×4.5T$	1	L1
空心电感	$\phi3×5.5T$	1	L2
扬声器	0.25W4-16Ω	1	BL
电位器	插针/5kΩ	1	RP
瓷片电容	插针/1p	1	C5
瓷片电容	插针/15p	2	C3，C4
瓷片电容	插针/30p	2	C1，C2
瓷片电容	插针/121	1	C16
瓷片电容	插针/151	1	C11
瓷片电容	插针/103	3	C9，C10，C22
瓷片电容	插针/223	1	C15
瓷片电容	插针/104	4	C7，C14，C18，C20
电解电容	插针/10μF/25V	4	C8，C12，C13，C17
电解电容	插针/220μF/25V	2	C19，C21
电解电容	插针/4.7μF/25V	1	C6
四联电容	插针/CBM-443pF	1	C（1，2，3，4）
色环电阻	插针/0.25W/100Ω	1	R4
色环电阻	插针/0.25W/150Ω	1	R2
色环电阻	插针/0.25W/510Ω	1	R5
色环电阻	插针/0.25W/2.2kΩ	1	R3
色环电阻	插针/0.25W/100kΩ	1	R1
波段开关		1	K2
耳机插座	$\phi3.5mm$	1	CK
焊片	$\phi3.2mm$	1	
刻度面板		1	
调谐拨盘		1	
电位器拨盘		1	

续表

名　　称	规 格 型 号	数　量	位　　号
磁棒支架		1	
电池极片	三件	1	
导线		5	
机壳上盖		1	
机壳下盖		1	
平机螺钉	ϕ2.5mm×5mm	4	
元机螺钉	ϕ1.6mm×4mm	1	
自攻螺钉	ϕ3mm×6mm	2	
拉杆天线		1	
指针纸片		1	
自攻螺钉	ϕ2mm×5mm	1	
PCB	单面/绿油	1	

根据表 8-7 所示材料清单，核对材料与数量，并逐一对各元器件进行质量检测。

（1）磁棒线圈。用万用表×1Ω 挡判断其初、次级。阻值较大一组为初级，阻值较小的一组则为次级。

（2）其他。检查剩余料件外观是否受损、是否少料、质量等。

2．实物制作与调试

（1）实物制作前准备

a．安装和焊接元器件前，应对元器件进行整形，对元器件引脚和电路板焊接面进行去氧化等清洁处理。

b．准备好电烙铁、焊锡等焊接工具及器材。

（2）实物的安装和焊接

a．按照如图 8-10 所示在 HX218B 收音机 PCB 上安装元器件，确认无误后进行焊接，如图 8-11 所示。

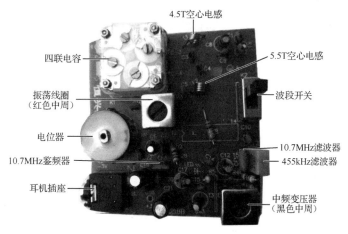

图 8-11　HX218B 收音机元器件面焊接实物图（1）

❖ 四联电容安装。安装时注意辨别四联电容上的 C1、C2、C3、C4 标识，应与 PCB 上的 C-1、C-2、C-3、C-4 一一对应安装。然后在引脚面将磁棒支架与其一起用螺钉固定好，再焊接四联电容引脚。

❖ 安装 L1 和 L2 时，注意 L1 安装 4.5 圈空心电感，L2 安装 5.5 圈空心电感。

❖ 安装 T2 和 T3 时，注意二者位置勿装错。

b. 先将磁棒线圈的初级绕组一端（匝数多）焊接在 PCB 上的 a 点，次级绕组一端（匝数少）焊接在 c 点，初、次级相接的两根线均焊到 b 点；然后在+3V、−3V 和扬声器 BL 的两引脚焊上导线；最后用螺钉在电位器上固定电位器拨盘，并将磁棒插入线圈和支架，如图 8-12 所示。

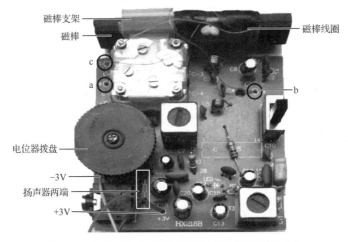

图 8-12　HX218B 收音机元器件面焊接实物图（2）

c. 先在 PCB 焊接面焊接发光二极管和集成电路 CD1691CB；然后将调谐拨盘用螺钉固定在四联电容上，并贴上指针纸片（带红线的圆片），如图 8-13 所示。

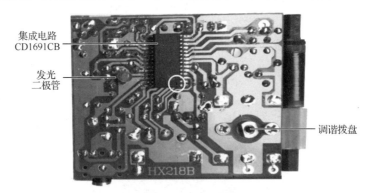

图 8-13　HX218B 收音机焊接面实物图

❖ 安装时，注意集成电路 CD1691CB 方向和发光二极管的极性不要装错。

❖ 集成电路 CD1691CB 焊接时，由于其引脚较密，如果一次焊接不成功，则应等冷却后再进行下一次焊接，以免烫坏集成块。

❖ 确保调谐拨盘安装牢固。

d. 器件焊接完成后，剪去多余的引脚；检查 AM/FM 收音机电路实物的元器件有无错装、漏装、极性装反等情况；器件的整形、摆放应符合要求；焊点应圆满、光滑、无锡渣、无拉尖、无虚焊、无假焊、无连焊等。

e. 如图 8-14 所示，将扬声器和电池极片安装在机壳上盖上，确保它们安装牢固。

图 8-14　扬声器及电池极片安装

f. 先将电路板安装到机壳上盖上，并用螺钉固定牢固；然后将焊好的导线的另一端分别与扬声器和电池极片对应焊好；最后将拉杆天线插入机壳下盖侧面的槽孔内，并将 ϕ3.2mm 焊片与它一起用螺钉和螺母固定；取一条导线，一端焊在焊片上，另一端焊在电路板上的 TX 位置，如图 8-15 所示。

图 8-15　天线安装及各导线焊接

❖ 注意确保拉杆天线安装牢固。

❖ 注意+3V 和-3V 的导线极性不能焊错，以免供电不良。

❖ 导线焊接时，注意焊接温度和时间，以免温度过高或焊接时间太长，导致导线外表皮（绝缘层）烫坏，甚至烫坏电池极片位置的外壳塑料部分。

（3）电路调试

装上 2 节电池供电。收音机调试前，必须确保收音机能接收到"沙沙"的电流声或电台，若听不到电流声或接收不到电台，则应先检查电路的焊接有无错误、元器件有无损坏，直到听到电流声或接收到电台后，方可进行如下调试。

a．调幅信号的调整。由于各种参数都设计在集成块上，故调试简单。调整中频变压器，使之谐振频率在 AM 465kHz（或 FM 10.7MHz）。

b．调频信号的调整（调整前一定要焊上天线并将 K2 置于 FM 端）。

c．L1 和 L2 分别调整高放部分（配合调 C-3 顶端的微调）和振荡部分（配合调 C-4 顶端的微调）的频率，调整 L1 和 L2 时只需用无感螺丝刀拨动它们的松紧度，此时 L2 的调整非常重要，它直接影响到收台的多少和能否收到台。T2 和 T3 在出厂前均已调在规定的频率上，在调整时只需左右微调即可。

（4）整机组装

HX218B AM/FM 收音机调试完成后，先将刻度面板贴在机壳上盖，然后将机壳上、下盖合上就完成整机的组装（机壳上、下盖采用卡扣固定设计），如图 8-16 所示。

图 8-16　HX218B AM/FM 收音机

8.2.5　必备知识

1．调幅和调频

（1）调幅

调幅指用低频调制信号去控制高频载波信号的振幅，使高频信号的振幅随调制信号的瞬时值变化而呈线性变化，常用 AM 表示。调幅电路主要由非线性器件（如二极管、三极管等）和带通滤波器（通常有 L、C 构成的谐振回路）构成。

（2）调频

调频是指高频载波信号的频率按照调制信号幅度变化的调制过程，常用 FM 表示。其基本原理是用调制电压直接控制振荡器谐振回路的参数，使载频信号的频率按调制信号变化规律线性变化，从而完成调频。

> ❖ 调制是指用含有声音、图形信息的低频信号去控制高频信号，使高频信号某一参数随低频信号变化的过程。
> ❖ 调制信号是指含有信息的低频控制信号。
> ❖ 载波信号指被控制的高频信号。

2．HX218B AM/FM 收音机

HX218B AM/FM 收音机主要由 AM/FM 专用集成电路 CD1691CB 组成。由于电感、电容、大电阻以及可调元件不便集成，故其外围元件多以电感、电容、电阻及可调元件，组

成各种控制、振荡、供电、滤波、耦合等电路。其具有结构简单、性能指标优越、体积小等优点。

（1）CD1691CB 引脚及功能

CD1691CB 引脚图如图 8-17 所示，各引脚功能如表 8-8 所示。

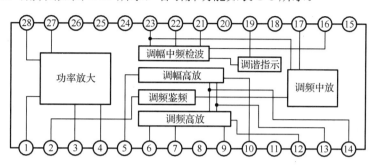

图 8-17　CD1691CB 引脚图

表 8-8　CD1691CB 引脚功能

引脚	功　　能	引脚	功　　能
1	静噪	15	FM/AM 选择开关
2	FM 鉴频	16	AM 中频输入（AM 中放输入）
3	负反馈	17	FM 中频输入（FM 中放输入）
4	音量控制	18	空脚
5	调幅（AM）振荡	19	调谐显示
6	自动频率控制	20	中频地
7	调频（FM）振荡	21	AFC AGC 控制
8	基准源输出	22	AFC AGC 控制
9	FM RF 调谐线圈（FM 高放输出）	23	检波输出
10	AM 射频输入（AM 高放输入）	24	音频输入
11	空脚	25	交流滤波
12	FM 射频输入（FM 高放输入）	26	电源
13	高频地	27	音频输出
14	FM/AM 中频输出（AM/FM 中放输出）	28	音频地

（2）HX218 收音机原理（参见图 8-10）

a. C-1、C-2、C-3、C-4 为四联可变电容器，它由单独的可变电容组合在同一个轴上旋转，以满足 AM、FM 的调台，安装时请注意将小容量的两联焊在 7 脚和 9 脚（调频用），大容量的两联焊在 5 脚和 10 脚（调幅用）。CF2 是 AM 的中频陶瓷滤波器；CF1 是 FM 的中频陶瓷滤波器；T2 是中波振荡线圈；CF3 是鉴频器；T3 是 AM 的中频变压器；L1 是 FM 的空心电感，参数为 4.5 圈；L2 是 FM 的空心电感，参数为 5.5 圈。

b. 中波信号由 T1 与 C-1 组成的输入回路选择后进入 IC 内的第 10 脚，进行对 AM 信号的高频放大，本振信号由 T2 与 C-2 组成，这两种信号在 IC 的第 5 脚内部进行混频，混频后的 465kHz 差频信号由 IC 的 14 脚输出，经中周 T3 和陶瓷滤波器 CF2 选频从 16 脚进入 IC 进行中放、检波，然后由 23 脚输出，再经 C14 耦合至 24 脚进行音频放大，最后由 27 脚输出至扬声器。

c．调频信号由天线 TX 接收，经 C2 送入 IC 的 12 脚进行高放、混频，9 脚外接 C-3、L1 选频回路，7 脚外接 C-4、L2 本振回路，混频后的中频信号也由 14 脚输出，经 10.7MHz 陶瓷滤波器 CF1 选频后进入 17 脚进行中放，并经内部鉴频（调频检波），IC 的 2 脚外接鉴频网络，鉴频后的音频信号也由 23 脚输出，再经 C14 耦合至 24 脚进行音频放大，最后也由 27 脚输出推动扬声器发声。

3．可变电容

（1）分类

可变电容种类较多，按结构可分为单联、双联及多联可变电容，本任务中使用的四联可变电容即属于多联可变电容，如图 8-18 所示。

正面　　　　　　　　　　　　　　　　　反面

图 8-18　四联可变电容

（2）作用

可变电容的主要作用是改变和调节回路的谐振频率，广泛应用在调谐放大、选频振荡电路中，常在收音机、高频信号发生器、收录机等设备中使用。

（3）检测

可变电容主要通过检测动片和定片间是否发生碰片或漏电来判断其质量。将万用表拨至×10kΩ 挡，一手持红、黑表笔分别与可变电容的定片和动片引脚相接，另一手则缓慢旋转转轴，观察表针变化。

在来回旋转转轴时，若表针保持无穷大不动，则说明该电容器正常；若指针指向 0，则说明该电容器的动片和定片之间短路，应修复或更换器件。如果转轴旋转到某一角度时，测得一定阻值，则说明电容器的动片与定片之间出现漏电现象。

4．中周及磁棒线圈

变压器按工作频率可分为高频变压器、中频变压器和低频变压器。其中，低频变压器又分为音频变压器和电压变压器，其作用是变换电压或作匹配阻抗元件；中频变压器常称为"中周"，应用在超外差收音机或电视机的中频放大电路中；高频变压器通常工作于射频范围，如收音机中的振荡线圈、高频放大器的负载回路和磁棒线圈等均属于高频变压器。

（1）中周

中周即中频变压器，是将一、二次绕组绕在尼龙支架上（内部有磁芯），外面用金属屏蔽罩封装起来的，如图 8-19 所示。中周常用在收音机和电视机等无线电设备中，主要用来选频，调节磁芯在绕组中的位置可以改变一、二次绕组的电感量，即可选取不同频率的信号。

图 8-19　中频变压器（中周）

（2）磁棒线圈

磁棒线圈属于高频变压器，一、二次绕组都绕在磁棒上，一次绕组匝数较多，二次绕组匝数较少，如图 8-20 所示。磁棒线圈从空间接收无线电波，当无线电波穿过磁棒时，一次绕组上会感应出无线电波信号电压，该电压感应到二次绕组上，将二次绕组上的信号电压送至电路进行处理。磁棒线圈的磁棒越长，截面积越大，则接收到的无线电波信号越强。

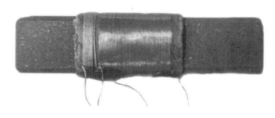

图 8-20　磁棒线圈

8.2.6　任务拓展

1．对收音机进行调整时，为什么不能用一般的金属螺丝刀？
2．收音机高频段接收灵敏度低，收到的电台少，声音小，应如何调整？

8.2.7　课后习题

1．调幅和调频分别指什么？
2．调制、调制信号和载波信号分别是什么？
3．什么是超外差？
4．画出超外差式收音机工作原理框图。
5．简述检测可变电容的方法。
6．简述磁棒线圈的工作方式。